高等学校计算机教材

Web技术实训教程

巩裕伟　郝兴伟　王庆春　主编

山东大学出版社

图书在版编目(CIP)数据

Web 技术实训教程/巩裕伟,赫兴伟,王庆春主编.—济南:山东大学出版社,
2009.3(2014.2 重印)
ISBN 978-7-5607-3718-8

Ⅰ.W...
Ⅱ.①巩...②郝...③王...
Ⅲ.主页制作—程序设计—教学参考资料
Ⅳ.TP393.092

中国版本图书馆 CIP 数据核字(2009)第 023430 号

山东大学出版社出版发行
(山东省济南市山大南路 27 号　邮编:250100)
山 东 省 新 华 书 店 经 销
济南景升印业有限公司印刷
787×1092 毫米　1/16　11.25 印张　258 千字
2009 年 2 月第 1 版　2014 年 2 月第 6 次印刷
定价:18.00 元

内容提要

本书是为高等学校计算机应用、信息管理、电子商务等专业，以及非计算机专业高年级学生编写的Web技术导论、Web程序设计、互联网与Web编程等课程的实验教材。本书按照教学内容共分为七章，每一章由浅入深地安排了多个实验，在每个实验中都包含了预备知识、实验目的、实验环境、实验内容、知识要点、实验步骤六个部分，以使读者更明确地了解实验所涉及的各个方面。绝大多数都给出了实验的操作步骤和参考程序代码。

内容涉及Tomcat服务器的配置，Web应用的规划和部署；标记语言HTML规范、网页设计与制作、网页设计的基本原则和FrontPage网页制作工具；图像处理技术；音频处理技术；视频处理技术；Flash动画制作技术；Web客户端开发与Web服务端开发等内容。通过这些实验的实际训练，为读者深入地理解教学内容、提高实际应用能力与开发水平提供帮助。

前　言

当前，Web技术已经成为互联网中最重要的应用技术。在高等学校，围绕Web技术的课程陆续出现。在Web技术教学过程中，实验环节起着很重要的作用，它有助于读者对所学知识的理解，实现知识应用的迁移。此外，上机实验还可以让读者发现问题，提出问题，推动学习的深入。为了与课堂教学相配合，使读者能更好地理解和掌握Web技术课程的知识点和技能点，我们编写了这本实训教程，相信它对读者加深Web技术的理解和提高实际应用水平能提供帮助。

对每一个实验分成六个侧面来进行讲解：①预备知识，就是关于本实验所用到的基础性知识。②实验目的，任务驱动的学习是最容易接受和理解的，给出设计本实验的目的是什么。③实验环境，给出要完成本实验，需要一个什么样的网络、计算机平台以及开发环境。④实验内容，根据实验目的，列出具体的实验题目和要求。⑤知识要点，给出本实验所需要掌握的知识点和技能。⑥实验步骤，详细地列出了本实验的实验过程，对于多媒体制作，给出具体的操作步骤，对于程序给出参考代码。

本书分为7章：

第1章　Web技术基础实验。介绍了Web服务器端的运行环境，包括Java环境的安装实验和Tomcat应用服务器的安装和配置实验，从而为后续实验配置了一个基本的实验环境。

第2章　标记语言与网页制作实验。根据HTML规范，设计了网页内容编辑、表格设计、表单设计、层叠样式表CSS的应用、FrontPage 2003的使用多个实验，以加深对标记语言的理解，以及对各个标记功能的掌握。

第3章　图像处理技术实验。设计了图像修复、图像合成、图像文本应用等实验，涉及图像处理中使用最多的知识和技能。

第4章　音频与视频处理实验。本章中针对常用的音频和视频处理安排了五个实验，涉及音视频处理的主要方面。有助于读者全面地掌握音视频处理的过程和方法。

第5章　Flash动画设计。围绕基本的Flash制作安排了五个实验，涉及Flash绘图、元件的应用、动画设计、图层应用等各个方面。目标是使读者能完成满足一般网络开发应用的Flash作品。

第6章　客户端开发实验。讲解网页的客户端编程，根据Web开发中常用的页面功能，针对一些共性问题，分别设计实验，目的是增加代码的实用性。实验分成几个方面：①JavaScript程序设计实验。②JavaScript对象实验。③综合实验，是涉及知识较多的一类实验。通过这些实验的练习，读者能更好地理解Web技术客户端的核心内容和应用方法。

第7章　服务端开发实验。讲解网页中的服务器端编程，实验内容涵盖了服务器端的主要操作，包括JavaBean在JSP中的应用，数据库操作，图形绘制等内容。

本书是集体工作的结果，许多一线的老师都参与了本书的讨论和部分内容的写作，他们是：刘毅、蔡晓军、杨占敏、张立新、李永明、刘法功、梁文革、蔡洵、焦文江、于志强、都平、韩振等。本书内容都是作者以研发项目为背景，许多代码都直接来源于我们开发的Web系统，具有较好的参考价值。由于作者的知识面和认识有限，书中肯定存在错误和不足，请各位同行和读者批评指正。

作者 E-mail：gyuwei@sdu.cdu.cn，hxw@sdu.edu.cn

作　者
2009年2月

目 录

第 1 章　Web 技术基础实验

在传统意义下，一个程序是由一系列的源程序经过编译、链接而成的一个可执行文件，它们被安装在用户的计算机上，在操作系统下运行。每个程序都有一个主窗口，窗口中有标题栏、菜单栏、工具栏等，用户通过执行菜单命令或点击工具按钮来执行相应的操作。但是，在 Web 中，基于 B/S 三层架构的 Web 应用和上述我们对程序的印象完全不同。

本章将介绍运行基于 Java 技术的 Web 应用所需要的运行环境，即 Web 服务器上的运行环境，这包括 Java 运行环境的安装和配置，JSP 程序运行环境的安装和配置，对于 Web 服务器端数据库服务器的安装和配置将在后续章节介绍。

实验一　Java 运行环境的安装与配置

一、预备知识

在 Web 开发中，Java 语言是使用最为广泛的编程语言，和传统的 C/C++不同，Java 语言具有“编写一次，到处运行”的特点，也就是说，Java 程序实现了程序语言的平台无关性。Java 程序的平台无关性，是因为 Java 采用了虚拟机(Java Virtual Machine，JVM)技术，Java 源程序编译后生成与计算机操作系统无关的字节码文件(.class)，该文件被虚拟机解释执行。

根据 Java 程序的运行原理，只要在不同的操作系统上安装特定的 JVM，就可以运行 Java 程序字节码，从而保证了 Java 程序运行的平台无关性。可见，要运行 Java 程序需要在计算机上安装特定的 JVM。同时，开发 Java 程序，也需要特定的 Java 开发环境，一个开发环境首先要包括一组标准类库，此外，集成的开发环境通常还包括源程序编辑、编译、调试等实用工具。目前，市场上的 Java 开发环境很多，本章介绍最常用的 Sun 公司的 JDK 的安装和配置。同时，作为 Web 服务器的运行环境，将一并介绍 Tomcat 应用服务器的安装和配置。

二、实验目的

1. 学习 Java 运行环境的详细安装过程。

2. 了解安装过程中每一个选项的含义。

3. 掌握 Java 环境变量的配置方法。

4. 测试 Java 环境的安装是否正常。

5. 掌握 Java 程序的编译和运行方法。

三、实验环境

可以在以下任意一种计算机操作系统上安装 Java 运行环境，学生可以根据自己的实验条件自由选择。

1. Windows Server 服务器操作系统。

2. Windows XP 等桌面机。

3. VMware Workstation 虚拟机环境。

VMWare 是一个“虚拟 PC”软件，它使用户可以在一台 PC 机上“同时”运行二个或更多个不同的操作系统，例如：Windows、DOS、LINUX 等。与操作系统的多重启动相比，VMWare 采用完全不同的概念。

操作系统的多重启动在一个时刻只能运行一个操作系统，在系统切换时需要重新启动计算机。VMWare 则是真正“同时”运行，多个操作系统在主系统平台上，可以和标准 Windows 应用程序一样在多个操作系统之间进行切换，而且每个操作系统都可以进行虚拟的分区、配置而不影响真实硬盘的数据，甚至可以通过网卡将几台虚拟机用网卡连接为一个局域网，极其方便。

四、实验内容

1. 从 Sun 公司官方网站(http://java. sun. com/)下载所需 J2SDK 和 JRE 的集成安装或单独安装文件。

2. 在一台 Windows 计算机上安装 Java 运行与开发环境。

3. 配置 Java 运行所需环境变量。

4. 学习 Java 程序的编译与运行。

五、知识要点

本实验涉及的知识点和技能点有：Java 开发工具包 JDK，Java 运行环境 JRE(Java Runtime Environment)、操作系统环境变量的设置、Java 程序的编译、Java 程序的运行。

六、实验步骤

下面以在 Windows XP 计算机上安装 JDK6 的标准版 J2SE6 为例，介绍 JDK 和 JRE 安装的详细安装过程，最后介绍它们的环境变量配置。

1. 从 Sun 公司的官方网站下载所需 J2SDK 和 JRE 安装文件

登录 Sun 官方网站 http://java. sun. com/，在常用下载区域(Popular Downloads)，点击“Java SE”超链接，显示 Java JDK 和 JRE 下载界面，选择“JDK 6 Update 12”，下载文件为 jdk-6u12-windows-i586-p. exe，该文件为 JDK6 和 JRE 集成安装文件，可以同时安装

JDK 和 JRE。下载页面如图 1-1 所示。

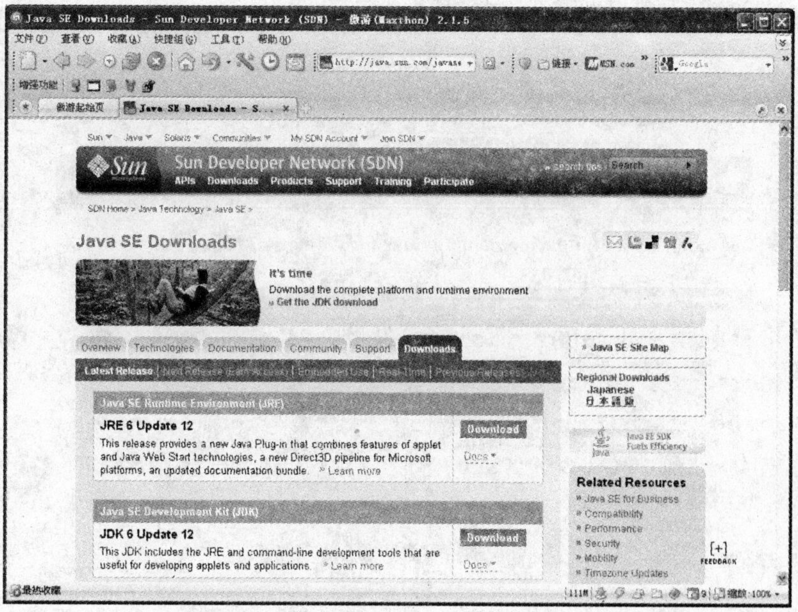

图 1-1　Sun 官方网站 JDK 下载页面

在“JDK 6 Update 12”区域，点击后面的“Download”超链接，选择要下载的 JDK 操作系统版本，如图 1-2 所示。

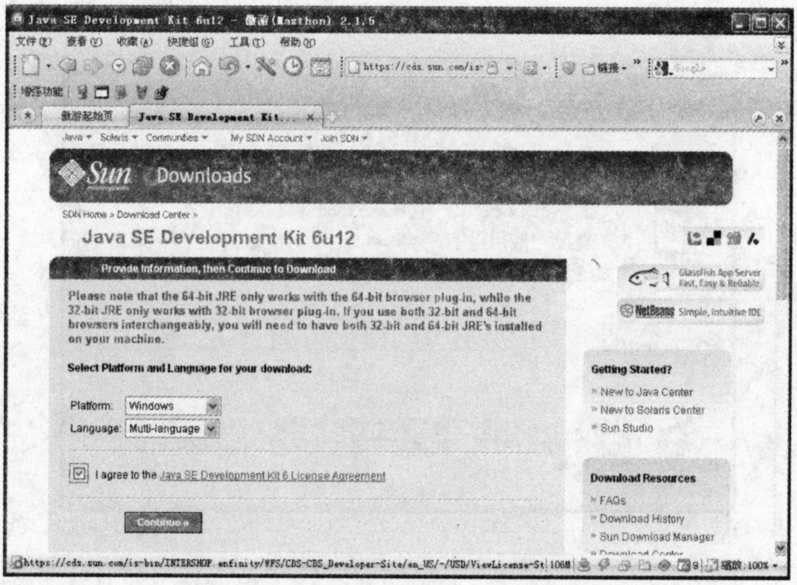

图 1-2　选择 JDK 具体的操作系统版本

在“Platform”后面的下拉列表中，选择 Windows 操作系统，并复选“I agree to the Java SE Development Kit 6 License Agreement”复选框，然后单击“Continue”按钮，如图 1-

3 所示。

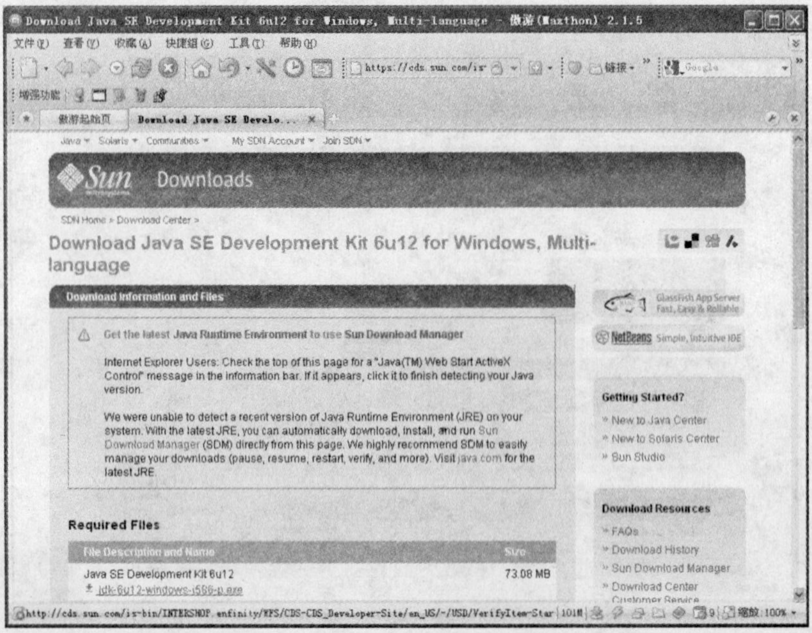

图 1-3　选择 JDK 文件超链接列表

图 1-3 列出了用户所作选择的 JDK 版本，下面是一个要下载的文件列表，下载文件为 jdk-6u12-windows-i586-p. exe，点击该超链接，显示“文件下载”对话框，如图 1-4 所示。

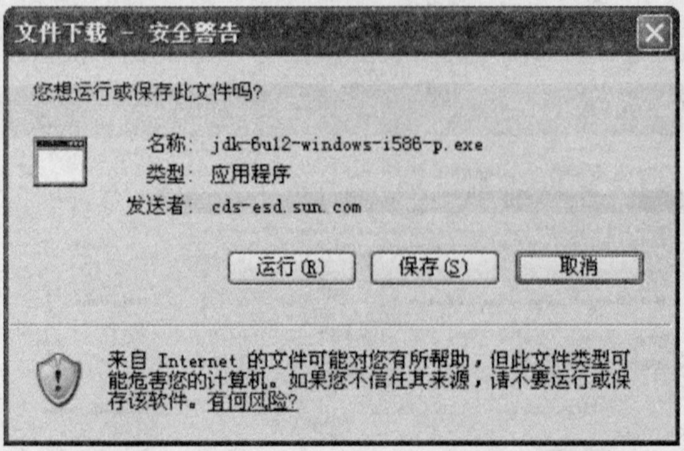

图 1-4　“文件下载”对话框

在“文件下载”对话框中，点击“保存”按钮，将文件保存到本地计算机中，从而完成文件的下载任务。

2. 安装 Java SE Development Kit(J2SE6)

在下载的文件 jdk-6u12-windows-i586-p. exe 上双击，运行 JDK6 安装向导，显示“欢

迎使用 Java(TM)SE Develeopment Kit 6 Update 12 安装向导"界面，然后显示许可协议，单击"接受"按钮，显示自定义安装界面，如图 1-5 所示。

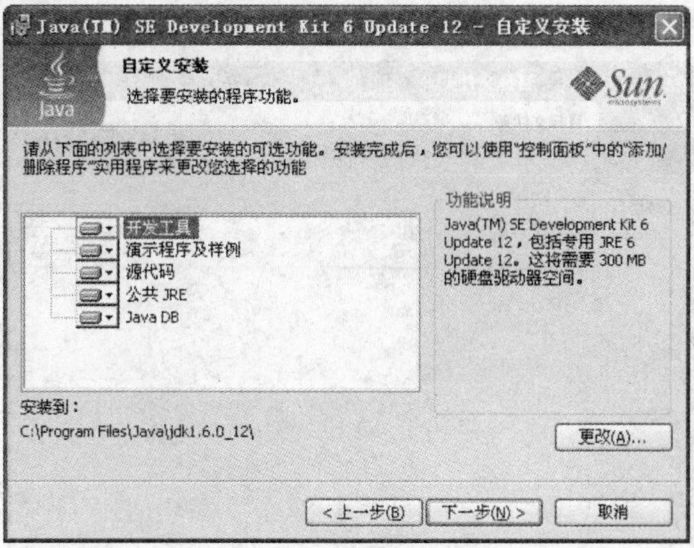

图 1-5　JDK 安装向导自定义安装界面

在默认情况下，Java 的安装目录为 C:\ Program Files\java\jdk1. 6. 0_12。为了下一步环境变量设置的方便，通常需要修改默认安装目录。单击"更改…"按钮，修改 Java 安装目录，例如，直接安装在 C:\Java 目录下，即：C:\Java\jdk1. 6. 0_12\，这样便于环境变量的设置。然后单击"下一步"按钮，开始 Java 的安装。如图 1-6 所示。

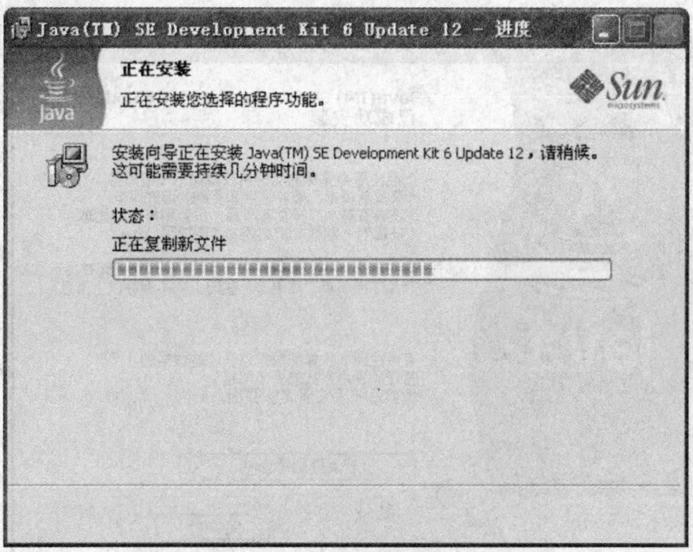

图 1-6　Java 安装过程界面

JDK 的安装需要几分钟的时间，如果是单独的 JDK，安装完成后将自动结束，现在一般的 JDK 安装文件都集成了 JRE，所以，接下来会提示安装 JRE。

3. 安装 Java Runtime Environment(JRE6)

由于 jdk1.6.0_12 已经包含了 JRE,如果机器尚未安装 JRE,则在安装 jdk1.6 时,JRE 将一并安装。如图 1-7 所示。

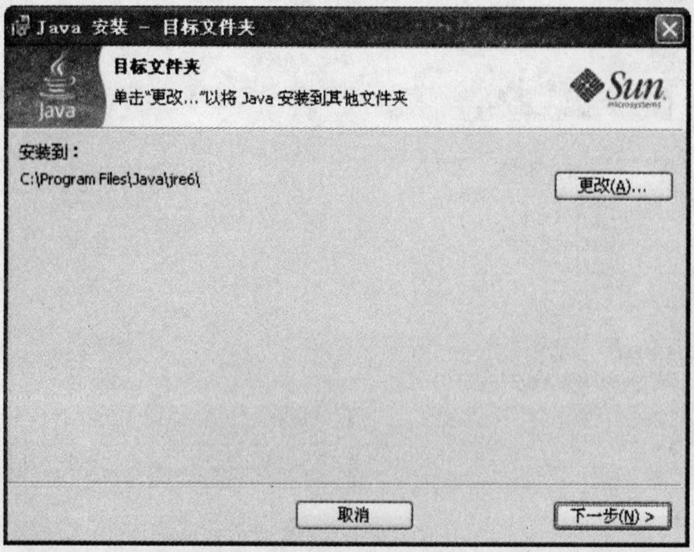

图 1-7　安装 JRE 界面

安装 JDK 结束后,安装向导提示指定 JRE 安装路经,和安装 JDK 同样的原因,可以更改 JRE 的安装目录为 C:\Java\jre1.6.0_12\,然后单击"下一步"按钮,开始 JRE 的安装,最后显示 Java 安装完成界面,如图 1-8 所示。

图 1-8　Java 安装完成界面

最后单击“完成”按钮，结束 Java 的安装过程。此时，在系统盘中将看到安装 Java 所创建的文件夹，结构如图 1-9 所示。

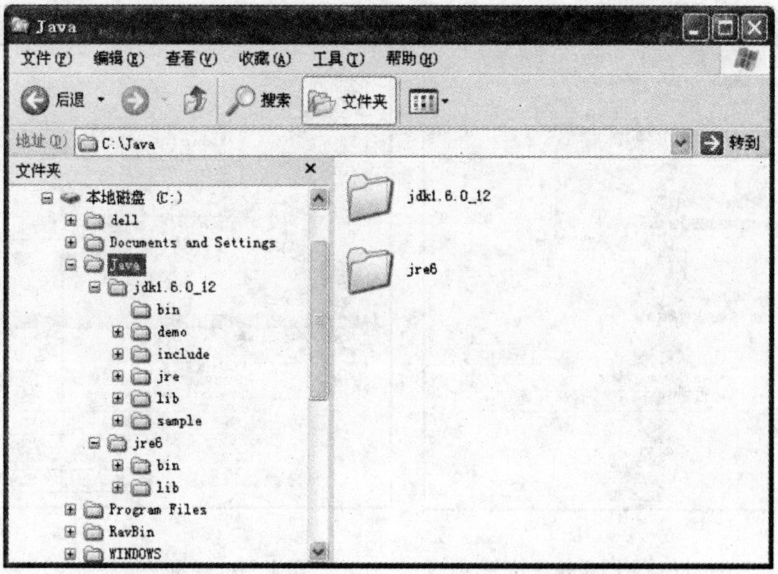

图 1-9　安装 JDK 和 JRE 后的文件夹结构

按照向导提示安装完成后，在“控制面板”中显示一个咖啡杯图标。双击该图标，将打开“Java 控制面板”。

用户可以通过“控制面板”中的“添加/删除程序”删除已经安装的 jdk/jre。

3. 设置 Java 环境变量

JDK 安装完成后，需要进行相应的环境变量设置，以保证 Java 程序对 JDK 类库的引用。需要进行的环境变量设置和更新，包括：设置 JAVA_HOME 和 CLASSPATH 环境变量，更新 PATH 路径设置三个部分。

在设置 Java 运行所需要的环境变量以前，可以首先检查一下相应的环境变量设置情况。在 Windows 系统 Dos 提示符下，通过 set <环境变量>命令显示环境变量的配置情况。如果安装程序没有设置 Java 运行环境需要的环境变量，则显示“环境变量 JAVA_HOME 没有定义”等信息。接下来应进行环境变量的手工设置。

在 Windows 系统下，设置环境变量，可以通过“控制面板”中的“系统”程序来完成，具体步骤如下：

在 Winodws“控制面板”中，双击“系统”图标，打开“系统属性”对话框。选择“高级”选项卡，如图 1-10 所示。

在“高级”选项卡中，单击“环境变量”按钮，打开“环境变量”对话框，如图 1-11 所示。

在环境变量窗口的“系统变量”区域，可以新建环境变量，或者对已经存在的环境变量进行修改。

(1)设置 JAVA_HOME 环境变量

在“系统变量”区域，单击“新建”按钮，打开“新建系统变量”对话框，在变量名后面的文本框中输入要新建的系统变量 JAVA_HOME，在变量值后面的文本框中输入变量值 C:\Java\jdk1.6.0_12，如图 1-12 所示。

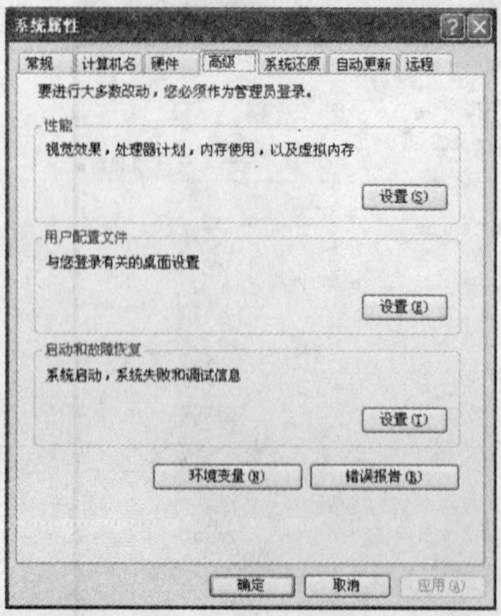

图 1-10 Windows XP“系统属性”对话框

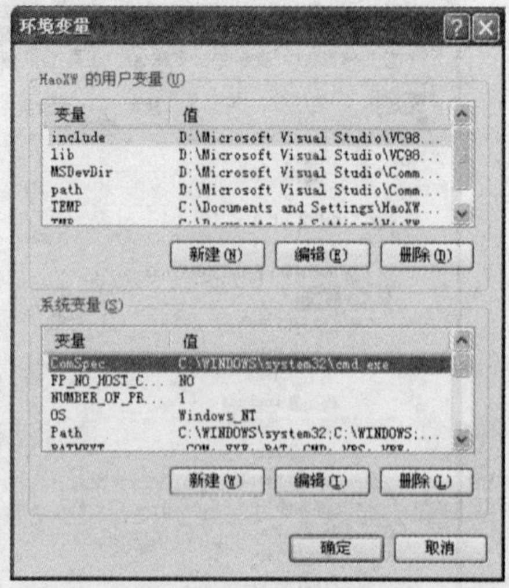

图 1-11 环境变量界面

图 1-12 新建系统变量 JAVA_HOME

输入完成后，单击“确定”按钮，返回“环境变量”对话框界面(图 1-11)。

(2)设置 CLASSPATH 环境变量

用同样的方法，打开“新建系统变量”对话框，在变量名后面的文本框中输入要新建的系统变量 CLASSPATH，在变量值后的文本框中输入变量值“.;%JAVA_HOME%\lib”，如图 1-13 所示。

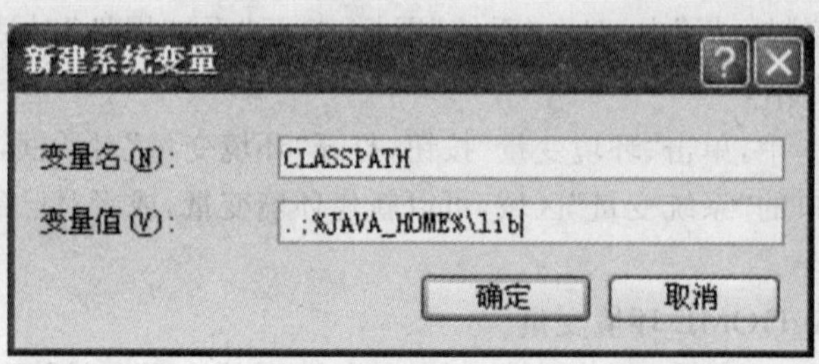

图 1-13 新建系统变量 CLASSPATH

注意，“;”一定不能少，它代表当前路径，在使用 javac 进行 Java 程序的编译时使用。

(3)更新 PATH 路径设置

在“环境变量”对话框“系统变量”区域，选择 PATH 环境变量，点击“编辑”按钮，在原有 PATH 基础上，增加“;%JAVA_HOME%\bin;%JAVA_HOME%\jre\bin”，如图 1-14 所示。

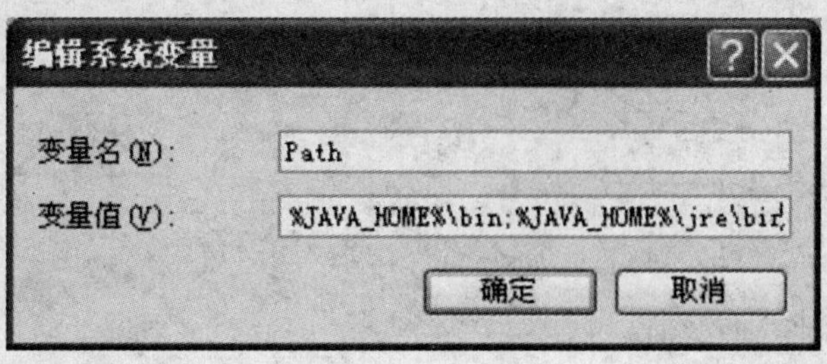

图 1-14　更新系统变量 PATH

上述环境变量设置完毕后，依次关闭“环境变量”、“系统属性”对话框，然后重新启动计算机使得环境变量设置生效。

4. 测试 Java 运行环境

重新启动计算机后，新建的系统环境变量即可生效。在 DOS 提示符下，依次输入下述命令来检查环境变量的设置情况：

C:\> echo %java_home%

C:\> echo %classpath%

C:\> echo %path%

也可以通过 set <环境变量名>命令来检验上述设置。如果设置正确，然后可以输入下列命令检查 Java 的运行是否正常。

C:\> java-version

C:\> javac

输入上述命令后，运行结果如图 1-15 所示。

如果能运行 Java 编译命令 javac 表明 Java 的环境变量设置就没有问题了，接下来可以用一个简单的 Java 程序来测试 J2SDK 的安装。代码如下：

```
public class Test
{
    public static void main(String args[]){
        System.out.println("Hello,My Java program");
    }
}
```

创建文件夹 D:\MyJava，将上述程序代码保存在该文件夹下，文件名为 Test.java(和类名一致，包括大小写)。然后打开 Dos 命令提示符窗口，转到 Test.java 所在目录D:\MyJava，依次键入下面命令：

javac Test.java(编译 Java 程序)

java Test(运行 Java 字节码)

图 1-15　检验 Java 运行情况

如果显示“Hello,My Java program”,表明 Java 环境安装成功,用 Dir 命令可看到生成一个 Test. class 的文件。上述执行过程如图 1-16 所示。

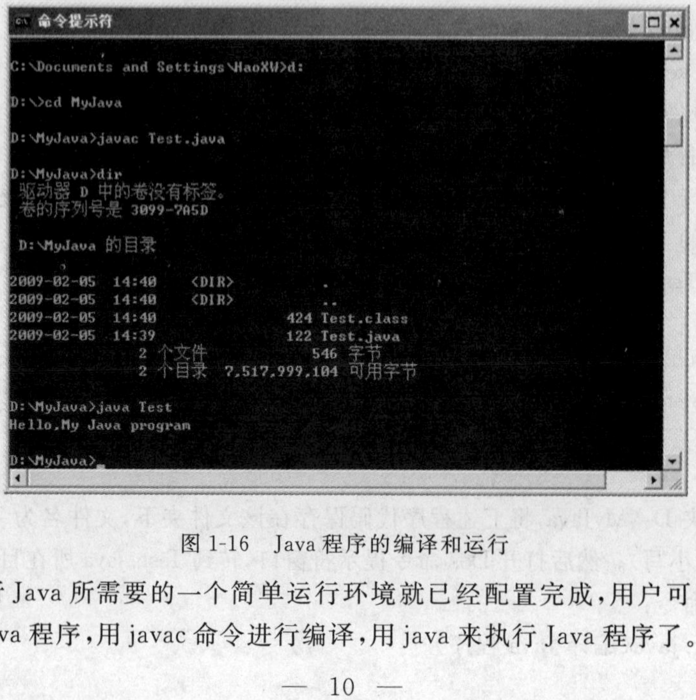

图 1-16　Java 程序的编译和运行

至此,运行 Java 所需要的一个简单运行环境就已经配置完成,用户可以通过文本编辑器来编写 Java 程序,用 javac 命令进行编译,用 java 来执行 Java 程序了。

实验二　Tomcat 应用服务器的安装与配置

一、预备知识

在大多数基于 Java 的 Web 应用中，都会看到 Tomcat 服务器的身影。从本质上讲，Tomcat 是针对于 Apache 服务器开发的 JSP 应用服务器，是 Java Servlet 和 Java Server Pages(JSP)技术的标准实现。Apache 为. html 页面服务，而 Tomcat 实际上运行. jsp 页面和 servlet。

Tomcat 是当前使用最为广泛的 Servlet/JSP 服务器，它是 JavaSoft 和 Apache 开发团队合作计划(Apache Jakarta Project)的产品，被 Sun 公司作为官方推荐的 Servlet 和 JSP 容器。从本质上来讲，Tomcat 部分是 Apache 服务器的扩展，但它是独立运行的，所以当运行 Tomcat 时，它实际上作为一个与 Apache 独立的进程单独运行。

二、实验目的

1. 学习 Tomcat 应用服务器的安装过程。
2. 能够配置 Tomcat 服务器运行所需要的环境变量。
3. 掌握在 Tomcat 中设置虚拟目录的方法。

三、实验环境

可以在以下任意一种计算机操作系统上安装 Java 运行环境，学生可以根据自己的实验条件自由选择。

1. Windows Server 服务器操作系统。
2. Windows XP 等桌面计算机。
3. VMware Workstation 虚拟机环境。

要求，系统已经安装并配置了 Java 运行环境。

四、实验内容

1. 从 Tomcat 官方网站(http://tomcat. apache. org/)下载所需的 Tomcat 安装文件。
2. 在一台 Windows 计算机上安装 Tomcat 应用服务器。
3. 配置 Tomcat 运行所需要的系统环境变量。

五、知识要点

本实验涉及的知识点和技能点有：

Tomcat 应用服务器的安装，配置 Tomcat 环境变量，修改服务端口，修改网站根路径，设置 Web 应用首页，建立虚拟目录。

六、实验步骤

下面以在 Windows XP 计算机上安装 Tomcat6. 0. 14 为例，介绍 Tomcat 安装的详细安装过程，最后介绍它们的环境变量配置。

1. 从 Tomcat 官方网站下载所需 Tomcat 安装文件

首先登录 Tomcat 官方网站 http://tomcat. apache. org/，首页如图 1-17 所示。

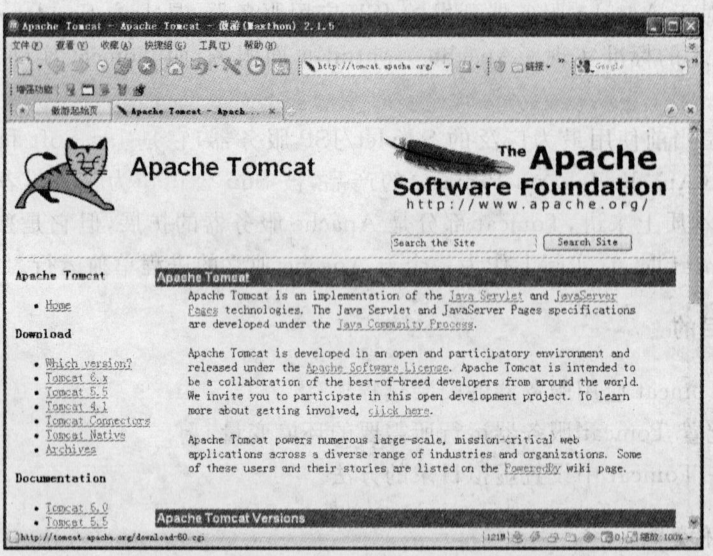

图 1-17　Tomcat 官方网站

在左侧的 Download 区域，点击“Tomcat 6. x”超链接，如图 1-18 所示。

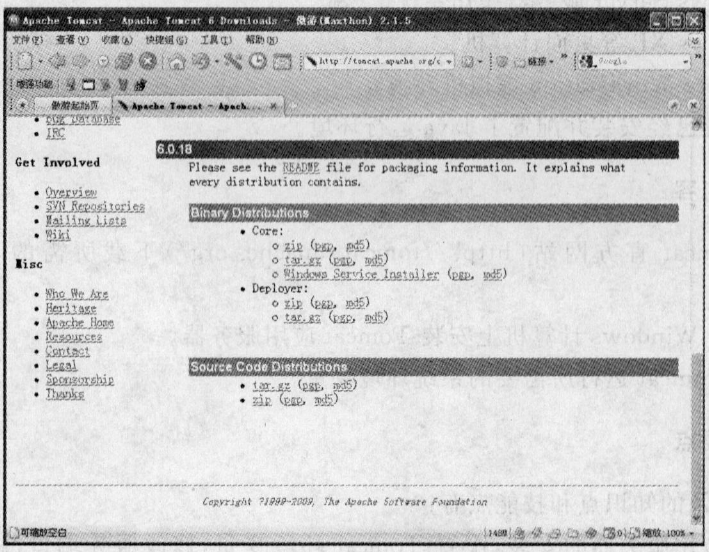

图 1-18　Tomcat 版本列表

在 Tomcat 6.0.18 的二进制代码发布(Binary Distributions)区域,点击"Windows Service Installer (pgp, md5)"超链接,打开"文件下载"对话框,如图 1-19 所示。

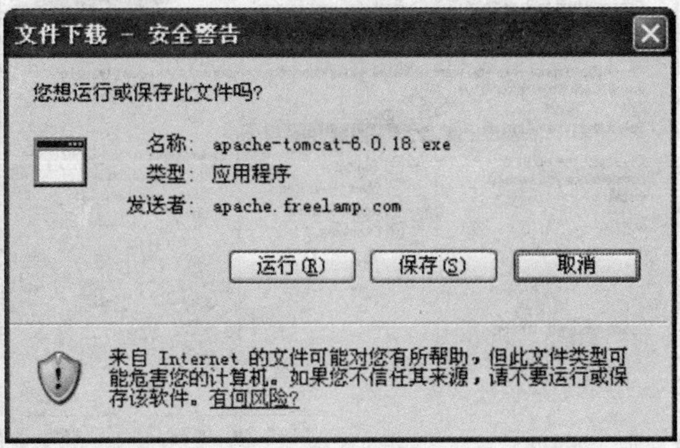

图 1-19　"文件下载"对话框

单击"保存"按钮,即可下载 Tomcat 安装程序,文件名 apache-tomcat-6.0.18.exe。

2. Tomcat 应用服务器的安装

执行 Tomcat 安装程序 apache-tomcat-6.0.18.exe,启动 Apache Tomcat 安装向导,如图 1-20 所示。

图 1-20　Apache Tomcat 安装向导

单击"Next"按钮,按照向导提示操作,显示许可协议界面,然后显示 Tomcat 组件选择界面,如图 1-21 所示。

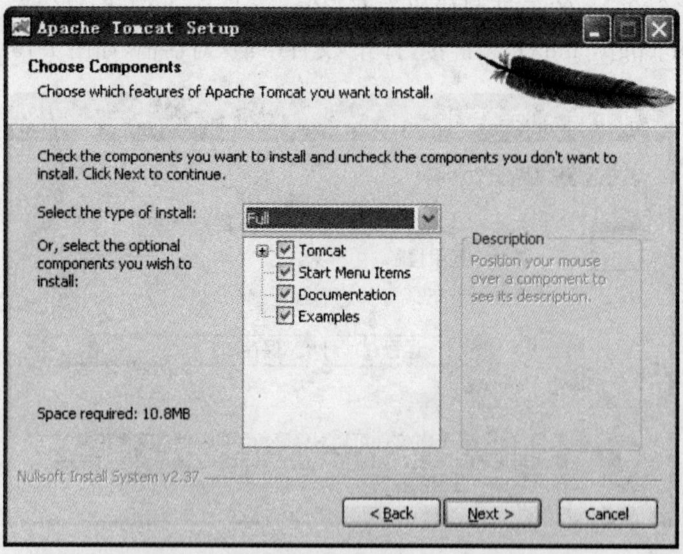

图 1-21　选择要安装的 Tomcat 组件

在安装类型下拉列表中，选择完全安装(Full)，Tomcat 将作为 Windows 服务器的服务直接启动。然后，单击“Next”按钮，显示安装文件路径选择界面，如图 1-22 所示。

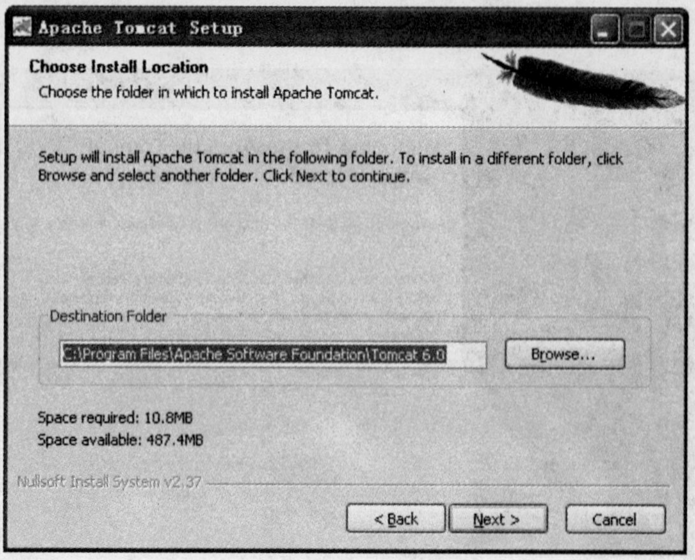

图 1-22　选择要安装的 Tomcat 组件

在默认情况下，Tomcat 的安装路径为 C:\Program Files\Apache Software Foundation\Tomcat 6.0，为下一步配置环境变量方便，我们更改安装路经为 C:\Tomcat 6.0。然后单击“Next”按钮，显示 Tomcat 基本配置界面，如图 1-23 所示。

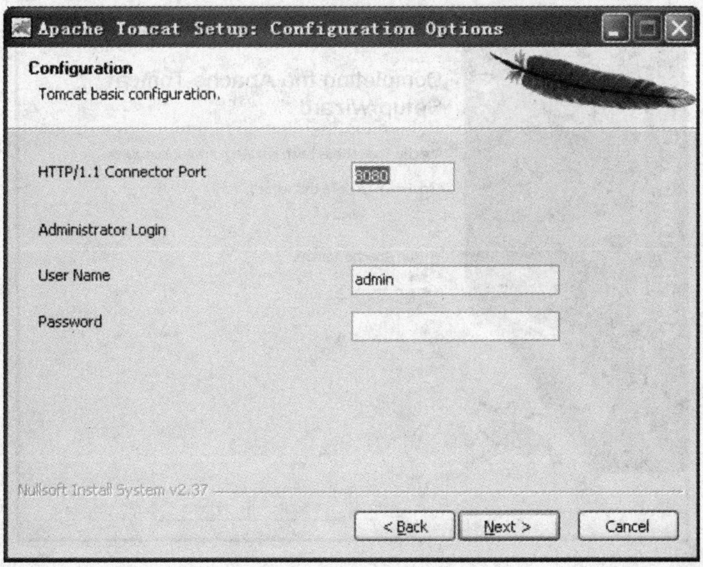

图 1-23 选择要安装的 Tomcat 组件

进行 Tomcat 的基本配置,包括 HTTP 端口,Tomcat 的默认值为 8080,可以修改为 80,管理员的登录名和密码,默认登录名为 admin,密码可以为空。

单击"Next"按钮,如果计算机上已经安装并成功配置了 JDK(含 JRE),此时,向导直接指向 J2SDK 中安装的 JRE 目录,例如:C:\Java\jre6,如图 1-24 所示。

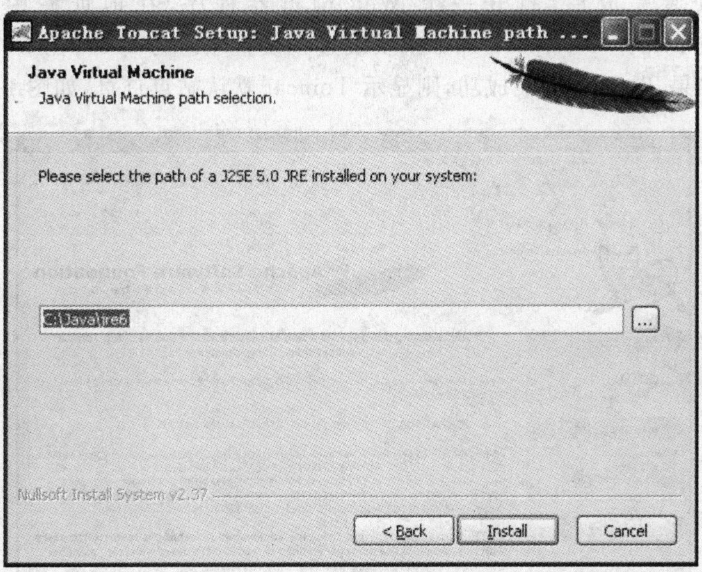

图 1-24 指向 JRE 路径

最后单击"Install"按钮,开始 Tomcat 的安装,向导将把有关的文件复制到相关的目录下,安装结束后显示 Tomcat 安装结束界面,如图 1-25 所示。

图 1- 25　Tomcat 安装结束界面

最后，单击“Finish”按钮，自动启动 Tomcat，在 Windows 任务栏的右侧显示 Tomcat 运行图标。Tomcat 安装完成后，在开始菜单的“程序”组中，将增加“Apache Tomcat 6. 0”程序组，包含对 Tomcat 进行配置的一系列菜单命令。

3. 配置 Tomcat 应用服务器运行环境变量

Tomcat 安装完成后，打开一个 Web 浏览器程序，在地址栏中输入 http://127. 0. 0. 1/（或 http://localhost/），如果安装过程设置端口为 8080，在 IP 地址后需要输入“:8080”。如果 Tomcat 安装成功，则显示 Tomcat 默认站点首页，如图 1-26 所示。

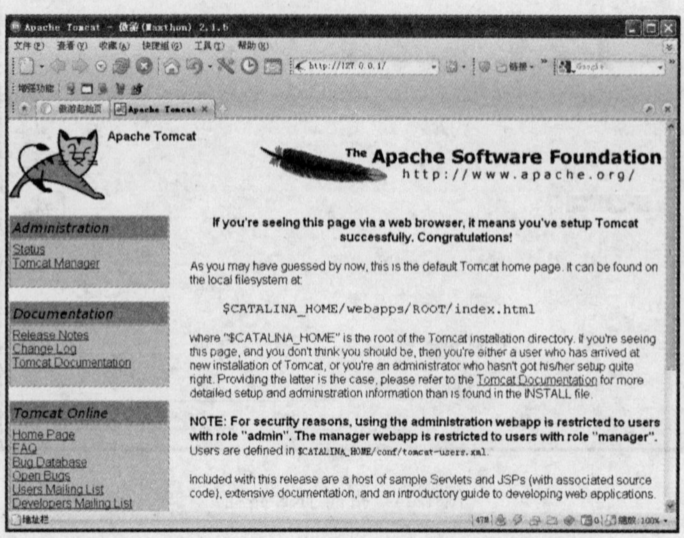

图 1- 26　Tomcat 安装成功后显示的默认站点首页

在浏览器中能够正确显示 Tomcat 首页，并不说明 Tomcat 安装结束。Tomcat 作为 Serverlet/JSP 的容器，同样需要配置 Tomcat 的运行环境变量。这些系统环境变量及其设置的具体内容应根据安装路径确定，例如，在上述安装过程完成后，应设置的内容如下：

(1)添加 Tomcat 主目录环境变量

set TOMCAT_HOME = C：\Tomcat 6.0

(2)添加 CATALINA_HOME 环境变量

set CATALINA_HOME= C：\Tomcat 6.0

(3)更新 CLASSPATH 环境变量

CLASSPATH =.;%JAVA_HOME%\lib;%TOMCAT_HOME%\lib

(4)更新 PATH 环境变量

PATH=%PATH%;%TOMCAT_HOME%;%TOMCAT_HOME%\bin

上述环境变量的配置和 Java 环境变量的配置方法相同，参见实验一。设置完成后，重新启动计算机，使设置生效，然后再启动 Tomcat。

4. 修改服务端口

在 Tomcat 的安装过程中，可以设置 Tomcat 服务端口，默认设置为 8080。安装完成后，如果需要修改服务端口，可通过 Tomcat 主目录下的 conf 目录中的主配置文件 server.xml 完成。不同的 Tomacat 版本，主配置文件 Server.xml 的内容不同。

对于 Tomcat 6.0.x，利用文本编辑器打开 C：\Tomcat 6.0\conf\目录下的 server.xml 文件，定位元素<Connector port="8080">，可以看到 Tomcat 服务的设置端口为 8080，如图 1-27 所示。

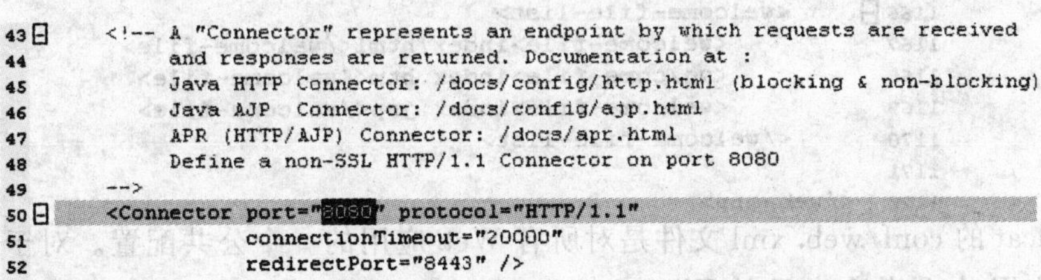

图 1-27　Tomcat 的服务端口信息

修改 Web 服务端口为 http 的默认端口 80。修改完毕后，保存该文件，然后重启 Tomcat 服务器，这样 Tomcat 就在新的端口提供服务了。

5. 修改网站根路径

在 Tomcat 6.0.x 中，设置 Tomcat 根的方法非常简单，只需要修改 Tomcat 主配置文件 conf/server.xml 即可。用记事本打开 Tomcat 主配置文件 server.xml，定位到文档尾部的<Host>元素，添加一个上下文元素(<Context>)，来设置 Tomcat 的根。例如，如果将 D:\GSL3.0 设置为 Tomcat 的根，设置如图 1-28 所示。

需要特别注意的是，Tomcat 区分大小写，<Context>元素的第一个字母一定为大写，且文件夹名称大小写也必须和实际一致。修改完毕后，在任务栏上停止 Tomcat，再重新启动，打开浏览器，将运行根中的 index. jsp 程序页面。

如果还要建立虚拟目录，只需要再增加不同的< Context >元素即可，给出虚拟目录名称和对应的物理目录。在 server. xml 中，可以设置多个不同的虚拟目录。

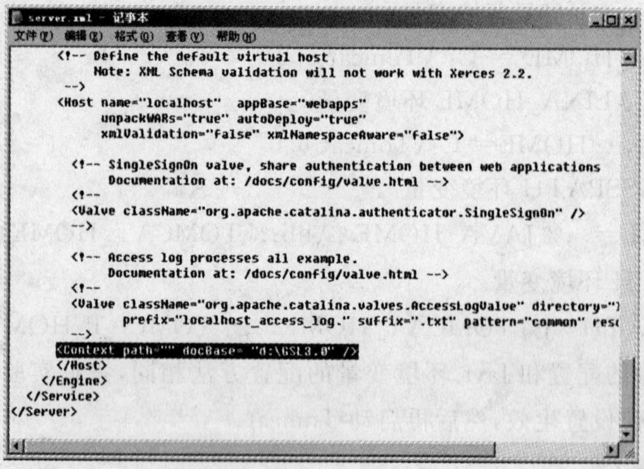

```
server.xml - 记事本
文件(F) 编辑(E) 格式(O) 查看(V) 帮助(H)
    <!-- Define the default virtual host
         Note: XML Schema validation will not work with Xerces 2.2.
     -->
    <Host name="localhost"  appBase="webapps"
          unpackWARs="true" autoDeploy="true"
          xmlValidation="false" xmlNamespaceAware="false">

      <!-- SingleSignOn valve, share authentication between web applications
           Documentation at: /docs/config/valve.html -->
      <!--
      <Valve className="org.apache.catalina.authenticator.SingleSignOn" />
      -->

      <!-- Access log processes all example.
           Documentation at: /docs/config/valve.html -->
      <!--
      <Valve className="org.apache.catalina.valves.AccessLogValve" directory=")
             prefix="localhost_access_log." suffix=".txt" pattern="common" reso
      -->
    <Context path="" docBase="d:\GSL3.0" />
      </Host>
    </Engine>
  </Service>
</Server>
```

图 1-28　设置 Tomcat 服务的根

6. 设置 Web 应用首页

在 Tomcat 中，站点首页是通过 web. xml 文件完成的，web. xml 文件又称为站点配置文件。在每一个 Web 应用中，往往在主目录下包含一个 WEB-INF 子目录，其中存储了该站点的配置文件 web. xml。此外，在 Tomcat 的 conf 文件夹下也包含一个 web. xml 文件，内容如下：

```
    <welcome-file-list>
        <welcome-file>index.html</welcome-file>
        <welcome-file>index.htm</welcome-file>
        <welcome-file>index.jsp</welcome-file>
    </welcome-file-list>

</web-app>
```

Tomcat 的 conf/web. xml 文件是对所有 Web 应用的一个公共配置。对于一个具体的 Web 应用，如果包含自己的 WEB-INF/web. xml 文件，当两个配置冲突时，则自己的 web. xml 配置将覆盖公共配置文件 conf/web. xml 中的设置。一般情况下，只需要修改 conf/web. xml 配置文件即可，不需要单独设置每一个应用的 WEB-INF/web. xml 文件。

6. 测试 Web 应用

在 d 盘的 GSL3. 0 文件夹下，编辑下列 jsp 文件，文件名为 index. jsp，代码清单如下：

```
<%@ page contentType="text/html;charset=gb2312"%>
<html>
<head>
<title>Hello,JSP</title>
</head>
<body>
<p align="center"><% out.println("你好，JSP...!"); %></p>
<%
```

```
        String datestr = "" ;
        java.util.Date now = new java.util.Date();
        java.text.DateFormat df = new java.text.SimpleDateFormat("yyyy-MM-dd HH:mm");
        datestr = df.format(now);
    %>
    现在的时间是:<%=datestr%>
    </body>
    </html>
```

在上述代码中,“<%”和“%>”之间的内容为服务器脚本程序,在 Web 服务端执行,基本功能就是显示服务器当前的系统时间。

打开 Web 浏览器,在地址栏中输入 http://127.0.0.1/,界面如图 1-30 所示。

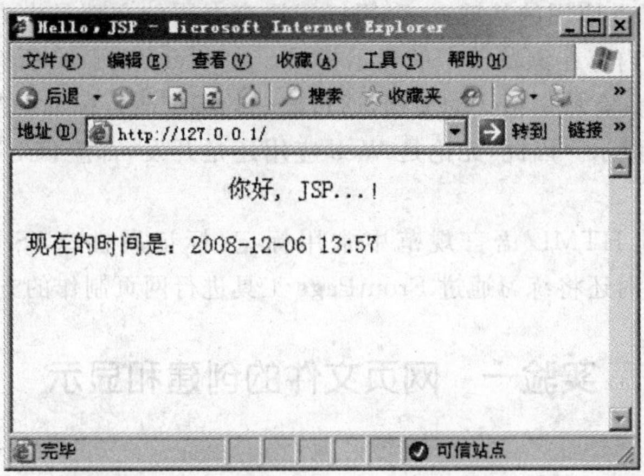

图 1-30　第一个 JSP Web 应用首页

这表明我们的 Tomcat 已经完全地正常运行,可以为用户的 Web 应用服务了,用户可以通过 Internet 来访问和运行我们的 Web 程序了。

7. 使用虚拟目录

在 Tomcat 6 中,使用虚拟目录,非常简单,只需要修改 Tomcat 主配置文件 conf\server.xml,在尾部增加一个新的< Context >元素即可。例如:建立一个到 D:/haosite 的虚拟目录,在 server.xml 中,在根目录设置的后面(参见图 1-29),增加下述内容:

```
<Context path="/hao" docBase="d:\haosite" reloadable="true" crossContext="true"
        Debug="0" workdir="d:\haosite\work">
</Context>
```

其中,path="/hao"定义了根下的一个虚拟目录 hao,docBase="D:\haosite"为虚拟目录 hao 对应的物理路经。参数 reloadable 设置为 true,表明修改 Servlet 文件、jsp 文件后,不用重启 Tomcat 即可生效。

保存 server.xml 文件,然后重启 Tomcat 服务器,可以在地址栏中通过虚拟目录访问 D:/haosite 中的网页文件了,例如:http://127.0.0.1/hao/index_hao.jsp。

此时,在 Tomcat 的临时文件夹 C:\Tomcat 6.0\work\Catalina\localhost 中,自动创建一个与虚拟目录同名的临时文件夹 hao,存储该虚拟目录生成的临时文件。

第2章 标记语言与网页制作实验

标记语言是Web应用的基础,一个用标记语言书写的文档是由内容和标记组成的,标记给出了所标记内容在浏览器中的显示样式。在Web应用中,所有的Web页面都是以标记语言书写的具有特定格式的文档,通过统一的标记语言标准规范,可以实现数据在异构平台上的统一显示。因此,无论是Web应用还是开发,都应该对标记语言有一个基本的认识。

本章重点练习HTML语言规范中常用标记、标记属性、CSS样式表技术、图层(< div >)等应用,同时还将练习通过FrontPage工具进行网页制作的方法。

实验一 网页文件的创建和显示

一、预备知识

在Web中,网页就是HTML文件、XML文件以及jsp、asp等类型的文件在Web浏览器中的显示。当用户通过浏览器来浏览一个站点时,用户在浏览器地址栏内输入网址和要浏览的页面路径和文件名,Web服务器把用户要浏览的文件传送到客户端浏览器,浏览器对页面内容根据HTML规范,在浏览器中显示。

从Web的工作机理看,标记语言是整个Web技术的基础,它规定了内容在浏览器中的显示样式。同时,HTML文件作为文本文件,可以使用任意的文本编辑器编辑。为了提高效率,在Web开发中可以利用FrontPage、Dreamweaverd等可视化的页面制作工具来辅助网页的制作和维护。

二、实验目的

1. 学习使用文本编辑器进行HTML文件的创建。
2. 掌握HTML中常用标记元素在浏览器中的显示结果。

三、实验环境

1. Windows计算机,任意的文本编辑器,如Windows的"记事本"程序。
2. Web浏览器,例如IE、遨游(Maxthon)、Firefox等。

四、实验内容

1. 用 Windows 记事本程序创建一个 HTML 文件 exe2-1. htm。
2. 练习 HTML 规范中标题标记，段落标记，字体标记等的使用。
3. 练习标记属性的使用。

五、知识要点

本实验涉及的知识点和技能点有：创建 HTML 网页文件，HTML 文档格式，标记，标记属性。

六、实验步骤

1. 文件夹结构

为了描述上的方便，在 D:\盘根下建立一个文件夹 mybook，在 mybook 中建立若干个子文件架 ch01，ch02，…，ch07，分别存储本实验指导书中各章中建立的网页文件。

2. 建立 HTML 文档内容框架

根据 HTML 规范，HTML 文件具有特定的格式。在 D:\mybook\ch02 文件夹中，用记事本程序新建网页文件 exa2-01. htm，编辑该 HTML 内容框架，内容如图 2-1 所示。

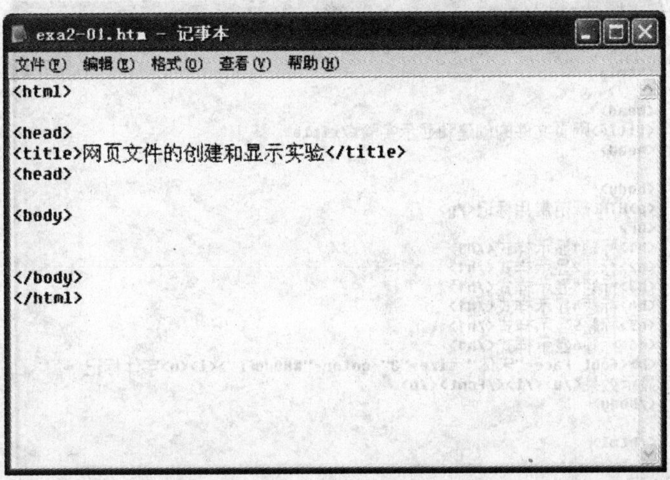

图 2-1　HTML 文档内容框架

无论一个网页多么复杂，其内容均符合 HTML 规范，内容框架是相同的。所不相同的是，根据网页的设计和要表现的内容不同，在< body ></body >标记内可以增加相应的页面内容，并对这些内容进行标记。

网页文件为纯文本文件，扩展名应为 . htm 或 . html。

3. HTML 常用标记的使用

假设我们要设计的网页在 Web 浏览器中显示结果如图 2-2 所示。

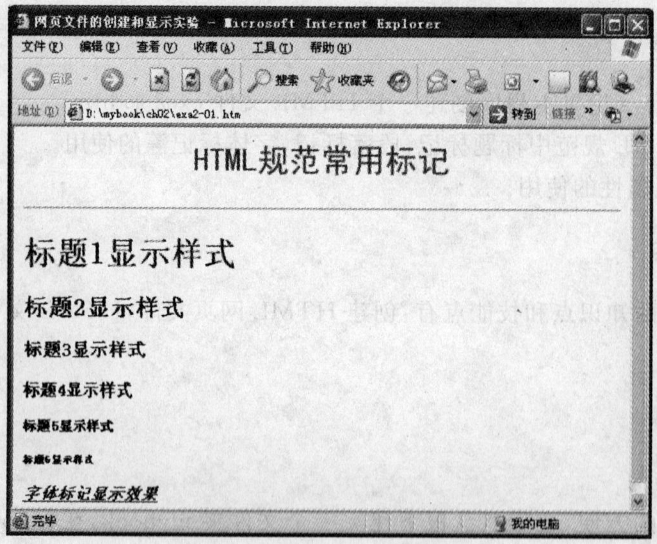

图 2-2　网页显示界面

要实现如图 2-2 所示的显示界面，只需要在 exe2-01. htm 的< body ></body >标记内增加下述代码即可，代码清单如图 2-3 所示。

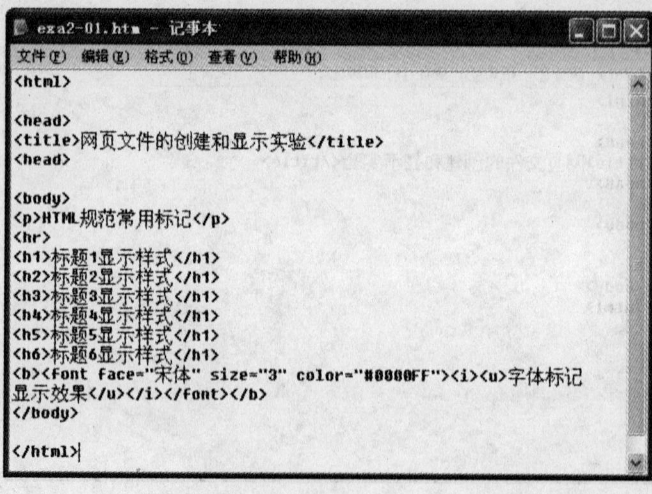

图 2-3　包含显示内容的 HTML 文档

在图 2-3 中，头部< head ></head >标记对内，包含< title >标记，其内容显示在浏览器窗口的标题栏中，< body ></body >标记内的内容将在浏览器窗口显示。双击该文档，该文档将在浏览器中打开并显示，结果即为图 2-3 所示的网页，这就是我们上网看到的网页。

4. 设置标记属性

在 HTML 规范中，每一个标记都有不同的标记属性，在不设置标记属性时，浏览器按照标记的的默认属性值显示，例如段落标记< p >标记默认显示采用左冲齐方式，如果希望内容居中，可以在段落标记的首标记< p >中设置 align 属性，即：< p align＝"center">。

保存文件，再次用浏览器打开该页面，将看到文字居中显示了。

5. 标记的联合使用

对于有些内容，一个标记可能不能完整地来标记所需要的显示样式。例如在图 2-3 中，对于文字“字体标记显示效果”，就使用了加粗标记(<b>)、字体标记(<font>)、斜体标记(<i>)和下划线标记(<u>)，来联合标记文本内容。

请你写出页面中“HTML 规范常用标记”一段文字，设置成黑体 6 号字、红色、居中显示的页面显示效果(见图 2-3)，所需要的标记。

核心代码：

```
<p align="center"><font face="黑体" size="6" color="#FF0000">HTML 规范常用标记</font></p>
```

实验二　网页文件的编辑

一、预备知识

通常情况下，每一个网页除了包含文字内容外，通常还包含图片、动画、超链接等内容。这些内容使得网页丰富多彩，同时也可以表达 Web 应用的业务逻辑。

在 HTML 规范中，定义了图片、动画和超链接标记。HTML 文档不是一个复合文档，它并不把图片、动画等文件插入到一个 HTML 文档内，只是通过特定的标记，指向存储这些文件的相对位置。如果网页文件和其中包含的文件之间的相对路径发生变化，则浏览网页时就会产生文件找不到的错误。

二、实验目的

1. 学习在 HTML 文档中使用文本内容格式化标记。
2. 学习在 HTML 文档中标记图片。
3. 学习在 HTML 文档中标记超链接。

三、实验环境

1. 任意版本的 Windows 操作系统计算机。
2. 文本编辑器，浏览器。

四、实验内容

1. 在 D:\mybook\ch02 文件夹中创建一个子文件夹 images，包含一个背景图片 bg.jpg，以及一系列泰山风光图片 tai1.jpg，tai2.jpg，…

2. 在 ch02 文件夹下，创建 HTML 文档 exa2-02.htm。设置图片 bg.jpg 作为 exa2-02.htm 页面背景。

3. 在页面上将图片 tai1.jpg，tai2.jp，…，tai5.jpg 依次插入到网页中，每行三幅图片，并设置每幅图片大小为 150×100。

4. 在页面的最后一行，输入文本“回顶部”，并建文本超链接，点击该超链接，页面定位到文档开始。

5. 在图片 tail. jpg 上建立一个图片超链接，单击该超链接，打开一个新的浏览器窗口，窗口显示实验一所创建的网页 exa2-01. htm。

五、知识要点

本实验涉及的知识点和技能点有：

图片标记< img >，< img >的 align 属性。超链接标记< a >，< a >标记 href 属性、target 属性。书签的定义和使用。文件相对路径。

六、实验步骤

1. 建立文件夹结构

根据题目要求，建立相应的文件夹结构，将相应的图片素材保存到 D:\mybook\ch02\images 文件夹中。

2. 新建网页文件

在 ch02 文件夹下，利用 Windows 的记事本程序新建文件 exa2-02. htm。编辑页面内容分别将图片插入到页面中，并标记“回顶部”超链接。

3. 保存网页文件

网页 exa2-02. htm 文件编辑结束后，保存文件。然后双击该文件，在浏览器中显示网页如图 2-4 所示。

图 2-4　网页 exa2-02. htm 显示效果

技术要点：

(1)图片在页面中的排列。

(2)建立书签。

参考代码清单如下：

```
<html>
<head>
<title>泰山风光欣赏</title>
</head>
<body background="images/bg.jpg">
<h1 align="center"><font face="黑体"><a name="mytop"></a>泰山风光欣赏</font></h1>
<p align="center">
  <a href="exa2-01.htm" target="_blank"><img src="images/tai01.jpg" border="1" alt="泰山风光" width="150" height="100"></a>  
  <img src="images/tai02.jpg" border="1" alt="泰山风光" width="150" height="100">
    
  <img src="images/tai03.jpg" border="1" alt="泰山风光" width="150" height="100">
    
</p>
<p align="center">
  <img src="images/tai04.jpg" border="1" alt="泰山风光" width="150" height="100">
    
  <img src="images/tai05.jpg" border="1" alt="泰山风光" width="150" height="100">
    
</p>
<p align="right">
  <a target="_self" href="#mytop">回顶部</a>
</p>
</body>
</html>
```

实验三　表格设计与制作

一、预备知识

表格(Table)和图层(div)是网页制作中进行页面布局的最好工具。相对于图层(<div>),利用表格进行页面布局更加简单直观,不但可以很好地安排文本或图像的显示位置,而且还可以任意进行背景和前景颜色的设置。

在 HTML 文档中,表格设计主要是通过<table>、<tr>和<td>等标记及其一系列属性实现的,这些属性包括：

1. <table>标记属性

(1)border:边框粗细,以像素为单位。

(2)BorderColor:边框颜色。

(3)BgColor:表格背景颜色。

(4)BackGround:表格背景图片。

(5)CellPadding:单元格内边距。

(6)CellSpacing:单元格间距,以像素为单位,默认值为 2。

(7)Width、Height:表格的宽和高。

(8)Align:表格的对齐方式

2. <tr>标记属性

Border、BorderColor、BgColor、Align、Valign、Width、Height

3. <td>标记属性

(1)BackGround:单元格背景图片。

(2)Rowspan:单元格行合并数。

(3)Colspan:单元格列合并数。

(4)Nowrap:数据不能自动换行。

在 HTML 规范中,标记及标记属性不区分大小写,使用大小写混写主要是增加 HTML 文档的可读性。

二、实验目的

1. 学习在 HTML 文档中插入表格的方法。
2. 掌握表格的定制与相关标记属性的使用。

三、实验环境

1. 任意版本的 Windows 操作系统计算机。
2. 文本编辑器,浏览器。

四、实验内容

1. 在 D:\mybook\ch02 文件夹中,创建 HTML 文档 exa2-03. htm。
2. 在页面上创建一个会议日程安排表,表格设计如图 2-5 所示。

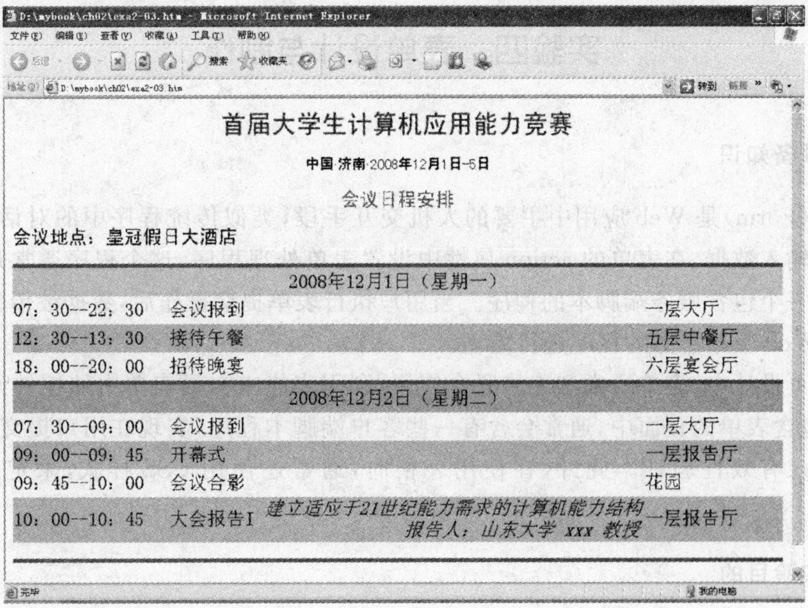

图 2-5　设计的会议日程表界面

五、知识要点

本实验涉及的知识点和技能点有：表格相关标记< table >、< tr >、< td >及属性，width、height 属性值的相对值和绝对象素值。

六、实验步骤

1. 新建文件 exa2-03. htm

在 D：\ mybook \ ch02 文件夹中，利用 Windows 记事本程序新建网页文件 exa2-03. htm。

建立一个多行，四列的表格。

2. 合并单元格

根据图 2-5 的页面设计，合并相应的单元格。

3. 设置表格属性

包括表格属性、单元格属性，这些属性包括边框、背景色。

核心代码：

在每一天的间隔之间有一条粗的分割线，这是本表格的一个技巧，这条线是一个 height＝4，bgcolor＝"＃008080"的单元格。代码如下：

```
< tr bgcolor＝"＃008080">
< td height＝"5" colspan＝"4" style＝"border-left-width：1px；border-right-width：1px；"></td >
</tr >
```

实验四　表单设计与制作

一、预备知识

表单(Form)是 Web 应用中主要的人机交互手段,类似传统程序中的对话框。用户通过表单输入数据,在表单的 action 属性中设置表单处理程序,这个程序通常是 Web 服务器上的一个包含服务端脚本的程序。当用户执行表单提交操作后,数据被传到 Web 服务器,由 Web 服务器上的程序进行处理。

在网页设计中,表单通常和表格联合使用,利用表格来布局表单中的控件元素位置。同时,在包含表单的页面中,通常会含有一些客户端脚本程序,实现在用户提交服务器前的用户输入有效性验证。此外,在使用表格时,通常还使用 CSS 样式,来定制页面的显示。

二、实验目的

1. 学习 HTML 文档中表单和表格布局的综合应用。
2. 掌握表单各种输入元素的使用。

三、实验环境

1. 任意版本的 Windows 操作系统计算机。
2. 文本编辑器,浏览器。

四、实验内容

1. 在 D:\mybook\ch02 文件夹中,创建 HTML 文档 exa2-04. htm。
2. 在页面上创建一个新用户注册表单,表单设计如图 2-6 所示。

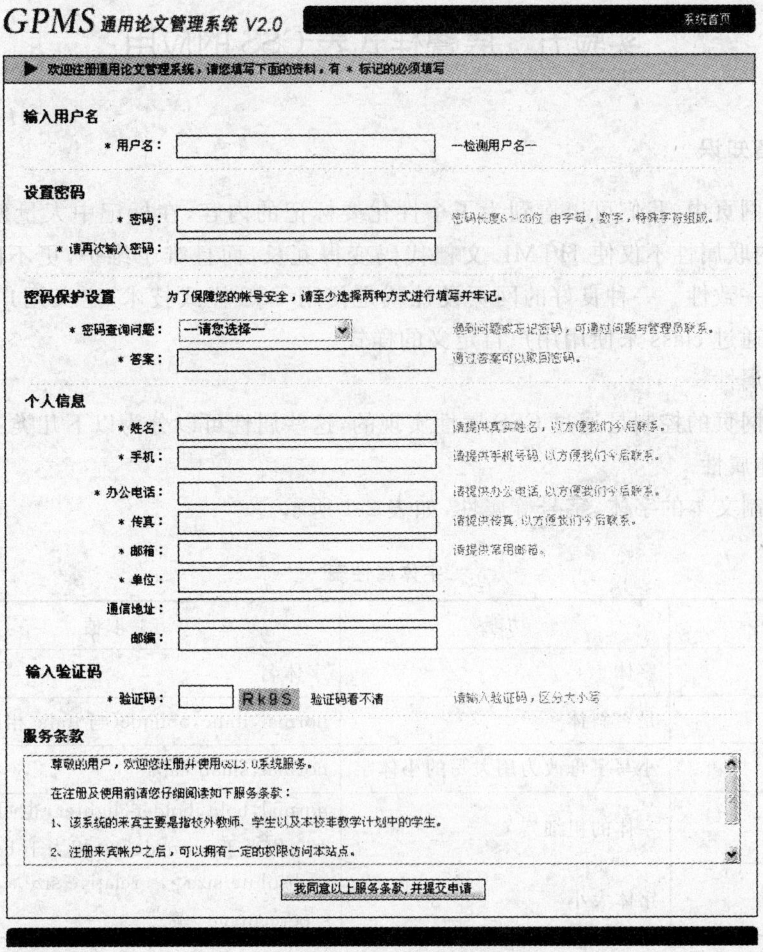

图 2-6　新用户注册表单设计

五、知识要点

本实验涉及的知识点和技能点有：表单标记< form >，各种输入标记，表格标记< table >，样式。

六、实验步骤

1. 新建文件 exa2-04. htm

在 D：\ mybook \ ch02 文件夹中，利用 Windows 记事本程序新建网页文件 exa2-04. htm。

建立一个多行、三列的表格。

2. 合并单元格

3. 设置标记属性

包括：表格属性和单元格属性，这些属性包括边框、背景色，单元格的 cellpading 属性。

实验五　层叠样式表 CSS 的应用

一、预备知识

在许多网页中，我们可以看到为了个性化要标记的内容，在标记中大量使用了 style 属性，这种内联属性不仅使 HTML 文档代码变得冗长，而且难于维护，更不能保证整个网站风格的一致性。一种良好的网页设计就是使用 CSS 样式技术，定义用户样式类，然后在标记中通过 class 来使用用户自定义的样式。

1. CSS 属性

CSS 对网页的控制是通过 CSS 属性实现的，这些属性可以分为以下几类：

(1)字体属性

用来控制文本的字体、字号等属性，如表 2-1 所示。

表 2-1　　字体属性表

属性名	功能	取值
font-family	字体	字体名
font-style	是否斜体	normal，italic，oblique(与 italic 相同)
font-variant	小写字母改为用大写的小体字	normal，small-caps
font-weight	字体的粗细	normal，bold，bolder，lighter，也可以用数值：400 相当于 normal，700 相当于 bold
font-size	字体大小	<absolute-size>，<relative-size>，<length>，<percentage>等

说明：字体大小的单位为长度单位，常用的单位有：毫米(mm)、厘米(cm)、英寸(in)、点数(pt)、像素(px)、pica(pc)、ex(小写字母 x 的高度)或 em(字体高度)作为度量单位。下同，不再重复。

(2)颜色和背景属性

用来控制页面或元素的颜色、背景颜色、背景图等属性，如表 2-2 所示。

表 2-2　　背景属性表

属性名	功能	取值
background-color	背景颜色	颜色值
background-image	背景图片	background－image：url(images/bg04.jpg)
background-repeat	背景图片重复方式	repeat-x(沿水平方向平铺)，repeat-y(沿垂直方向平铺)，no-repeat(不重复)
background-attachment	背景滚动或固定	scroll(背景与页面一起滚动)，fixed(背景固定)
background-position	背景图片位置(仅背景图片不重复时有效)	<percentage>，<length>，top，left，right，bottom，center

(3)文本间距与文本对齐属性

用来控制文本的间距、段落的间距、行高、缩进等属性,如表 2-3 所示。

表 2-3　文本间距与文本对齐属性

属性名	功能	取值
word-spacing	单词间距	normal,< length >
letter-spacing	字母间距(中文字的字间距)	normal,< length >
text-decoration	文字的装饰样式	none,underline(下划线),overline(上划线),line-through(删除线),blink(闪烁,IE4＋无作用)
vertical-align	文字的垂直位置	basline(在标准位置),sub(下标位置),super(上标位置),top(与对象顶端对齐),text-top,middle,bottom(与对象底端对齐),text-bottom,< percentage >(向上为正,向下为负,100 %为垂直上移一行,-100 %为垂直下移一行)
text-transform	文本转换为其他形式	capitalize(首字母大写),uppercase(转换为大写),lowercase(转换为小写),none(无转换)
text-align	对齐方式	left,right,center,justify(对齐每行的文字)
text-indent	首行缩进	< length >,< percentage >
line-height	定义行高	normal,< number >,< length >,< percentage >

(4)容器属性

容器是指其中可以包含内部元素、对象或数据的元素,如表格、单元格等,页面也是容器对象。CSS 中对这样的对象都统一用容器属性来控制。它包括以下子类:边距属性、填充属性、边框属性和图文混排属性。常用的属性如表 2-4 所示。

表 2-4　容器属性表

属性名	功能	取值
边距属性		
margin-top	顶端边距	auto,< length >,< percentage >
margin-right	右侧边距	auto,< length >,< percentage >
margin-bottom	底端边距	auto,< length >,< percentage >
margin-left	左侧边距	auto,< length >,< percentage >
margin	全部边距	auto,< length >,< percentage >
填充距(内边距)属性		
padding-top	顶端填充距	< length >,< percentage >

续表

属性名	功能	取值
padding-right	右侧填充距	< length >,< percentage >
padding-bottom	底端填充距	< length >,< percentage >
padding-left	左侧填充距	< length >,< percentage >
padding	全部填充距	< length >,< percentage >
边框属性		
border-top-width	顶端边框宽度	thin(细),medium(中),thick(粗),< length >
border-right-width	右侧边框宽度	thin,medium,thick,< length >
border-bottom-width	底端边框宽度	thin,medium,thick,< length >
border-left-width	左侧边框宽度	thin,medium,thick,< length >
border width	一次定义边框宽度	thin,medium,thick,< length >
border-color	边框颜色	颜色值
border-style	边框样式	none(无边框),dotted(打点边框,在大多数浏览器中会变为线),dash(断裂边框,在大多数浏览器下也会变为线条),solid(实线边框),double(双线条边框),groove(3D 沟槽边框),ridge(3D 脊状边框),inset(3D 嵌入边框),outset(3D 突出边框)
border-top	顶端边框的三属性	border-top-width,border-style,border-color(同时给定三个属性值,属性值之间用空格分隔,下同)
borer-right	右侧边框的三属性	border-right-width,border-style,border-color
border-bottom	底端边框的三属性	border-bottom-width,border-style,border-color
border-left	左侧边框的三属性	border-left-width,border-style,border-color
图文混排属性		
width	宽度属性	auto,< length >,< percentage >
height	高度属性	auto,< length >
float	文本环绕	left,right,none
clear	单边文本环绕	left,right,both,none

(5)列表属性

用来对列表进行控制的 CSS 属性,如表 2-5 所示。

表 2-5　　列表属性

属性名	功能	取值
display	定义是否显示	block(以块的形式显示),inline(以 inline 的形式显示,元素的前后不带有换行),list-item(以列表的形式显示),none(不显示)
white-space	列表项中空格的处理方式	normal(忽略空格和换行符),pre(保留空格和换行符),nowrap(列表项不自动换行,直到出现 标记)
list-style-type	在列表前加项目符号	disc(实心圆),circle(空心圆),squre(实心方块),decimal(阿拉伯数字),lower-roman(小写罗马字母),upper-roman(大写罗马字母),lower-alpha(小写英文字母),upper-alpha(大写英文字母),none(无)
list-style-image	在列表项前加图案	格式:url(imageURL),none
list-style-position	列表项中第二行的起始位置	inside(列表项目符号在列表项文本以内,列表项文本与项目符号对齐),outside(默认值,列表项目符号放在文本以外,列表项文本自身对齐)
list-stylc	一次定义前面的列表属性	list-style-type 或 list-style-image, list-style-position (同时给定二个属性值,属性值之间用空格分隔)

(6)鼠标状态属性

用来控制鼠标的形状,如表 2-6 所示。

表 2-6　　鼠标状态属性

属性名	功能	取值
cursor	指针效果	auto(自动)、crosshair(定位"十"字)、default(默认指针)、hand(手形)、move(移动)、e-resize(箭头朝右方)、ne-resize(箭头朝右上方)、nw-resize(箭头朝左上方)、n-resize(箭头朝上方)、se-resize(箭头朝右下方)、sw-resize(箭头朝左下方)、s-resize(箭头朝下方)、w-resize(箭头朝左方)、text(文本"I"形)、wait(等待)、help(帮助)

(7)定位属性

用来精确控制页面上的对象的位置,如表 2-7 所示。

表 2-7　　定位属性

属性名	功能	取值
position	定义位置	absolute(绝对),relative(相对),static(静态)
left,top	水平位置和垂向位置	< length >,< percentage >,auto
width,height	对象的大小,宽和高	< length >,< percentage >,auto
clip	剪切	aoto,shape(形状,有效的设置为:rest(top, right, bottom, left))
overflow	内容超出时的处理	auto,visible,hidden,scroll
z-index	设置叠放次序	auto,< integer >
visibility	设置可见性	visible,hidden

(8)滤镜属性

我们在网页显示时,常常希望所显示的图像或文字有一些特殊的效果,CSS 中的滤镜属性就可以实现这一要求。滤镜的书写格式如下:

filter:filtername(parameters)

其中 filtername 为滤镜名,parameters 为参数表,不同的滤镜,所允许使用的参数也不同。下面看各种不同的滤镜的功能与书写格式。常用的滤镜如表 2-8 所示。

表 2-8　　常用滤镜名以及参数

滤镜名	功能	格式	参数含义
Alpha	透明效果	Filter:Alpha(Opacity=opacityValue, Finishopacity=finishopacityValue, Style=styleValue, StartX=startXValue, StartY=startYValue, FinishX=finishXValue, FinishY=finishYValu)	Opacity 是透明度,值(opacityValue)为 0(完全透明)~100(不透明);Style 是形状特征,值(styleValue)为 0(统一形状)、1(线形)、2(放射状)、3(长方形);StartX, StartY 是渐变透明效果的开始坐标;FinishX, FinishY 是渐变透明效果的结束坐标;Finishopacity 是用来设置结束时的透明度,为可选项
Blur	模糊效果	Filter:Blur(Add = addValue, Direction = directionValue, Strength=strengthValue)	Add 是否增加模糊效果(值 addValue: true 或 false);Direction 是模糊方向,值 directionValue 是 0,45,90,…,315;Strength 是模糊宽度,值 strengthValue 以像素为单位,默认为 5

续表

滤镜名	功能	格式	参数含义
Chroma	颜色透明	Filter:Chroma(Color=colorValue)	Color 是将要设置的透明颜色
DropShadow	投射阴影	Filter:DropShadow(Color=colorValue, Offx=offxValue, Offy=offyValue, Positive=positiveValue)	Color 是投影的颜色;Offx、Offy 是投影偏移的水平距离和垂直距离,可正可负;Positive 参数有两个值(positiveValue):True 为仅非透明的像素建立投影,False 为透明的像素部分也建立投影
Fliph	水平翻转	Filter:Fliph	
Flipv	垂直翻转	Filter:Flipv	
Glow	外边界增加光效	Filter:Glow(Color=colorValue, Strength=strengthValue)	Color 是指定发光的颜色,Strength 指定发光的强度,参数值(strengthValue)从 1 到 255
Gray	灰度效果	Filter:Gray	
Invert	底片效果	Filter: Invert	
Light	光源效果	通过 JavaScript 程序来完成	
Mask	透明膜	Filter: Mask(Color=colorValue)	Color 为覆盖膜的颜色
Shadow	阴影效果	Filter: Shadow(Color= colorValue, Direction = directionValue)	Color 参数用来指定投影的颜色;Direction 参数用来指定光源的方向。
Wave	水波纹	Filter: Wave(Add=addValue, Freq=freqValue, LightStrength=lightstrengthValue, Phase=phaseValue, Strength=strengthValue)	Add 为对象是否增加水波纹效果,其值为 true 或 false;Freq 是生成水波纹的频率;LightStrength 参数是增强光的效果,取值 0 到 100;phase 设置正弦波开始的偏移量。通用值为 0,范围 0～100。如该值为 25,代表正弦波从 90 度。Strength 是水波纹的强度
Xray	X 感光片	Filter: Xray	

二、实验目的

1. 学习 CSS 样式的定义和使用方法。

2. 熟悉常用的 CSS 样式属性及其功能。

三、实验环境

1. 任意版本的 Windows 操作系统计算机。
2. 文本编辑器、浏览器。

四、实验内容

1. 在 D:\mybook\ch02 文件夹中，创建 HTML 文档 exa2-04. htm。

2. 修改< body >标记的默认显示样式，样式定义为：页面边距为 20px，设置页面背景为图片 bg01. jpg，滚动条为深蓝色（＃000080），滚动条上的箭头为黄色（＃FFFF00）。

3. 修改超级连接标记< a >默认显示样式，样式定义为：超链接文字大小为 11pt，蓝色显示；当鼠标指向超连接时变为红色，字体加重显示。

4. 定义一个表格样式类 tablelogin，设置边框线 1px，黑色。

5. 定义新的单元格样式类 cell1，cell2，设置单元格文字的字体属性，并设置单元格无边框线，以及单元格的高度，宽度等 CSS 属性。

6. 定义输入控件样式，设置文本框、按钮等输入域的显示样式。

7. 利用上述样式定义，完成一个用户登录页面的设计，如图 2-7 所示。

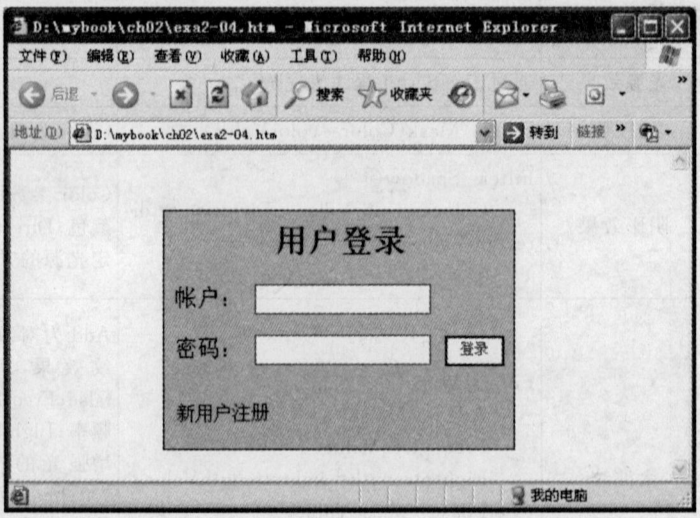

图 2-7　用户登录表单设计界面

五、知识要点

本实验涉及的知识点和技能点有：

层叠样式表单 CSS，用户自定义样式类，标记的 class 属性，CSS 属性。

六、实验步骤

1. 新建文件 exa2-05. htm

在 D:\mybook\ch02 文件夹中，利用 Windows 记事本程序新建网页文件 exa2-05. htm。

建立一个多行、三列的表格。

2. 合并单元格

3. 新建 css 样式文件 pub1. css

在 D:\mybook\ch02 文件夹中，新建一个存储用户自定义样式类 css 文件的子文件夹 pubcss，在该文件夹下新建用户自定义样式文件 pub1. css。按照实验内容的要求，定义相应的样式类。

4. 浏览网页

在浏览器中打开网页文件 exa2-05. htm，检验样式定义是否正确，根据需要对样式定义进行调整，来测试各个 CSS 属性的功能。

以下是本实验参考代码：

(1)exa2-05. htm 代码清单

```
<html xmlns="http://www.w3.org/1999/xhtml">
<head>
<meta http-equiv="Content-Type" content="text/html; charset=gb2312" />
<link rel="stylesheet" type="text/css" href="pubcss/pub1.css" />
</head>
<body>
<form action="login.jsp" method="post" onSubmit="return my_submit()" name="form1">
<table class="tablelogin">
<tr>
    <td colspan="3" class="cell1">用户登录</td>
</tr>
<tr>
    <td witdh="30%" class="cell2">账户：</td>
    <td colspan="2" align="left">
<input type="text" name="username" value="" class="input1"/>
</td>
</tr>
<tr>
    <td witdh="30%" class="cell2">密码：</td>
    <td align="left">
      <input type="password" name="pwd" value="" class="input2"/>
    </td>
    <td align="right">
      <input type="submit" value="登录" class="button1">
```

```
        </td>
    </tr>
    <tr>
    </tr>
    <tr>
        <td colspan="2">  <a href="" target="_blank">新用户注册</a><td>
    </td>
    </table>
    </form>
    </body>
    </html>
```

（2）定义的 css 样式文件 pub1. css 代码清单

```
body{
        margin:10 auto;
        font-size:11px;
        text-align:center;
        background-color:#FFFFFF;
}
a {
    font-size:11pt;
    color:#0000FF;
    text-decoration:none;
}
a:hover {
        color:#FF0000;
        font-weight:bold;
        text-decoration:none;
}
a:visited {
        color: #0000FF;
        text-decoration: none;
}
.word1{
        font-family: 宋体;
        font-size: 15pt;
        height:20px;
        color:#FF0000;
        text-align:center;
        vertical-align:middle;
}
.input1{
        border-right:1px solid #0163A2;
```

```
        border-bottom:1px solid #0163A2;
        border-left:1px solid #0163A2;
        border-top:1px solid #0163A2;
        height:25px;
        size:8;
        background:#FFFFFF;
        text-align:left;
        vertical-align:bottom;
        margin-left:5px;
}
.input2{
        border-right:1px solid #0163A2;
        border-bottom:1px solid #0163A2;
        border-left:1px solid #0163A2;
        border-top:1px solid #0163A2;
        height:25px;
        width:150px;
    size:6;
background:#FFFFFF;
    text-align:left;
    vertical-align:bottom;
    margin-left:5px;
}
.button1{
    border-right:1px solid #0163A2;
    border-bottom:1px solid #0163A2;
    border-left:1px solid #0163A2;
    border-top:1px solid #0163A2;
    height:25px;
    width:50px;
    font-size:12px;
    color:#0163A2;
    text-align:center;
    vertical-align:middle;
    background:#FFFFFF;
    margin-right:5px;
}
.tablelogin{
    margin-top:50px;
    width:300px;
    height:200px;
    background:#CCCCCC;
```

```
        border: #000000 1px solid;
    }
    .cell1{
        font-family: 宋体;
        font-size: 20pt;
        font-weight:bold;
        height:50px;
        border-right:0px solid #000000;
        border-bottom:0px solid #000000;
        text-align:center;
        vertical-align:middle;
        padding-left:5px;
        text-indent:0em;
    }
    .cell2{
        font-family: 宋体;
        font-size: 15pt;
        height:40px;
        border-right:0px solid #000000;
        border-bottom:0px solid #000000;
        text-align:right;
        vertical-align:middle;
        padding-left:5px;
        text-indent:0em;
    }
    .table1{
        margin-top:5px;
        width:600px;
        border-left:1px solid #000000;
        border-top:1px solid #000000;
        text-align:left;
        font-size:12px;
        font-color:#ffff00;
    }
    .border_rb {
        border-bottom:1px solid #000000;
        border-right:1px solid #000000;
    }
```

说明：上述 CSS 样式，主要涉及了在定义 CSS 是常用的一些 CSS 属性，为了较全面地列出可能使用的样式属性，有些样式类在本例中并未使用，例如 table1 和 border_rb 以及 word1 样式类，这些样式类可用于定义一个表格的表格线显示，在本例中未用到。

实验六　使用 FrontPage 进行网站建设

一、预备知识

在 Web 开发中，通过记事本等文本编辑器来编辑网页需要记忆大量的标记及其属性，效率很低。为此，在网页制作中，通常需要借助于相应的网页制作工具，常用的有：FrontPage、Dreamweaver 等，两者都具有网站管理和页面制作功能。

对于这些可视化的制作工具，其本质上就是利用菜单命令来进行“所见即所得”的网页设计，自动生成相应的 HTML 代码，这样不仅可以省去对 HTML 规范中标记及其属性的死记硬背，同时也可以大大提高工作效率。一个好的 Web 开发人员需要对自动生成的页面进行手工调整，从而保证代码的高质量。

二、实验目的

1. 学习 FrontPage2003 的使用方法。
2. 理解网站的概念，目录组织和规划思路。
3. 学习框架网页的设计和应用。

三、实验环境

1. 任意版本的 Windows 操作系统计算机。
2. FrontPage 2003 软件。
3. 浏览器软件。

四、实验内容

1. 在 D:\mybook\ch02 文件夹中，创建一个“唐诗欣赏”的框架网页 exa2-06. htm，包含三个框架：目录区、网页标题区和诗文区，单击目录框架的唐诗标题时，在诗文区可显示出该诗的正文来用于组织唐诗目录和唐诗内容的显示。

2. 在 D:\mybook\ch02 文件夹中，新建一个子文件夹 tangshi，包含多个页面，每个页面显示一首唐诗。

页面设计如图 2-8 所示。

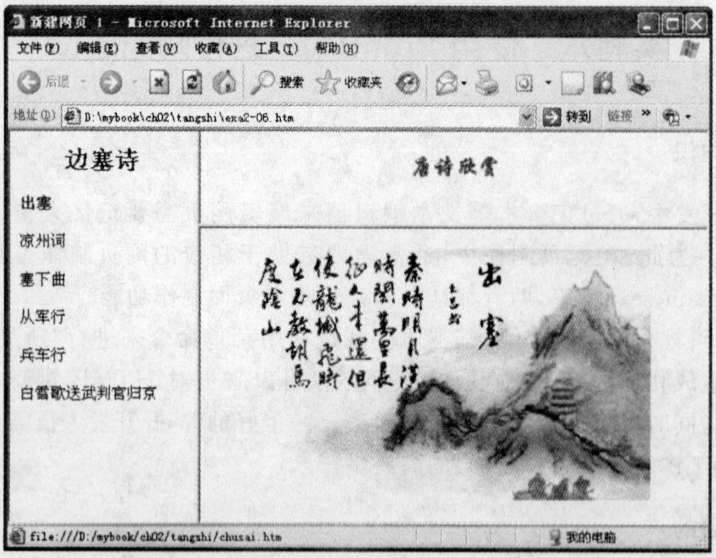

图 2-8 “唐诗欣赏”的框架网页设计

五、知识要点

本实验涉及的知识点和技能点有：FrontPage 2003 的使用，框架网页，用户自定义样式类，使用 CSS 文件。

六、实验步骤

1. 使用 FrontPage 打开本地网站

一个站点，本质是上就是由一个文件夹，以及其中包含的所有网页文件构成的。如果在 Web 服务器上，一个站点就是真实运行的网站。如果是在一台桌面机上，例如 Windows XP 上，我们同样可以创建一个站点，如果仅仅是纯 HTML 文件，不包含服务器脚本，它同样可以运行。

因此，从管理的角度，对于任意一个文件夹，用户也可以作为一个站点来打开，在其中新建网页。也就是说，在进行网页编辑时，第一步应该是打开一个本地网站。它包含着这样的一种思想，就是网页隶属于一个网站。

(1)在 FrontPage 中，执行“文件”菜单中的“打开网站…”命令，打开“打开网站”对话框，如图 2-9 所示。

在查找范围中，选择网站对应的主文件夹，此处，双击 D 盘，然后双击 D:\mybook 文件夹。网站名称后面的文本框中不需要输入内容，点击“打开”按钮，则文件夹名即为网站名，然后显示网站视图，显示网站目录结构。

如果打开的文件夹是一个普通的文件夹，FrontPage 将在该文件夹下添加两个子文件夹“_private”和“images”。

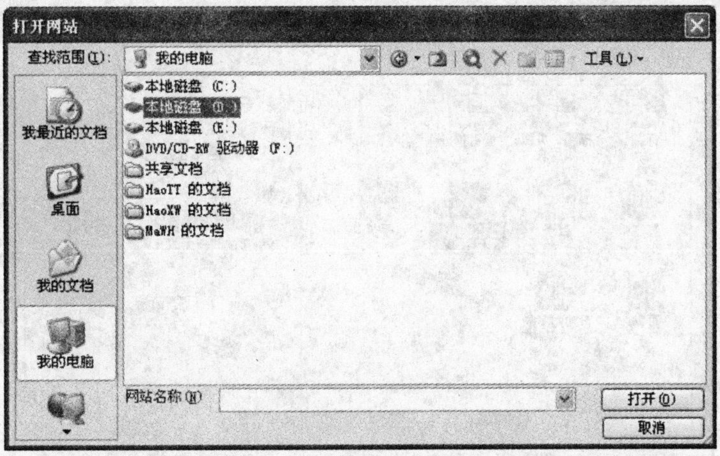

图 2-9　打开网站对话框

(2)执行“视图”菜单中的“文件夹列表”命令，显示网站文件夹结构，如图 2-10 所示。

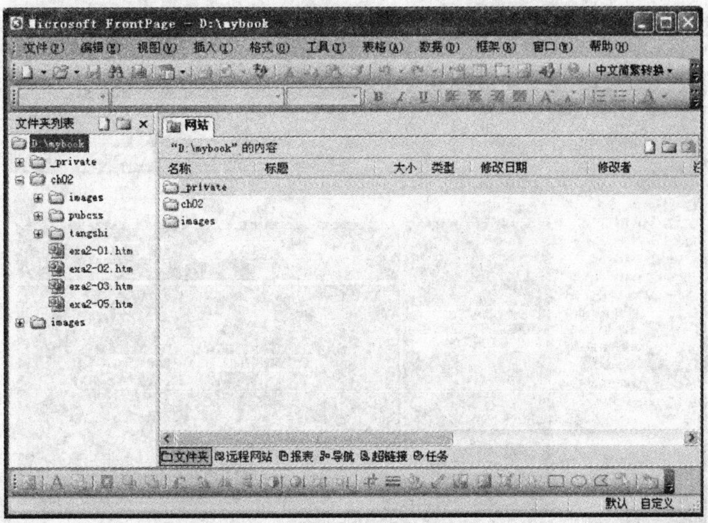

图 2-10　打开一个本地网站

2. 新建框架网页 exa2-06.htm

(1)在网站“文件夹列表”中，双击 tangshi 文件夹。

(2)在“文件”菜单中，执行“新建…”命令，在客户区右侧显示“新建”任务窗格。

(3)在“新建”任务窗格中，单击“空白网页”超链接，将新建一个空白网页。单击“其他网页模版”，则打开，如图 2-11 所示。

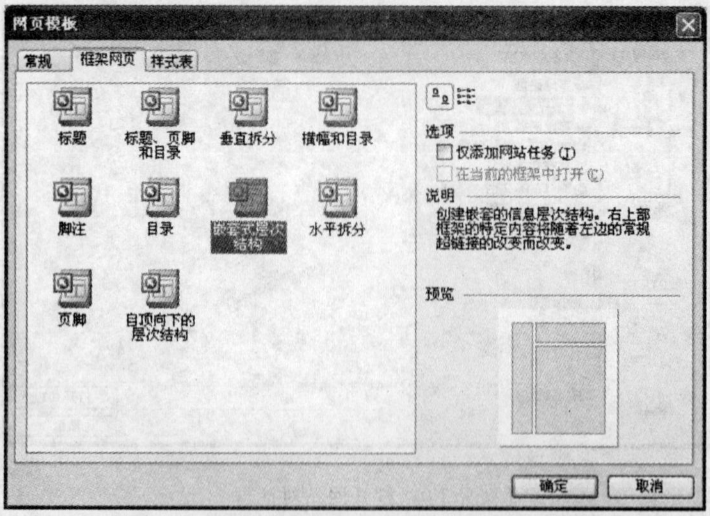

图 2-11 “网页模版”对话框

选择“嵌套式层次结构”，单击“确定”按钮，如图 2-12 所示。

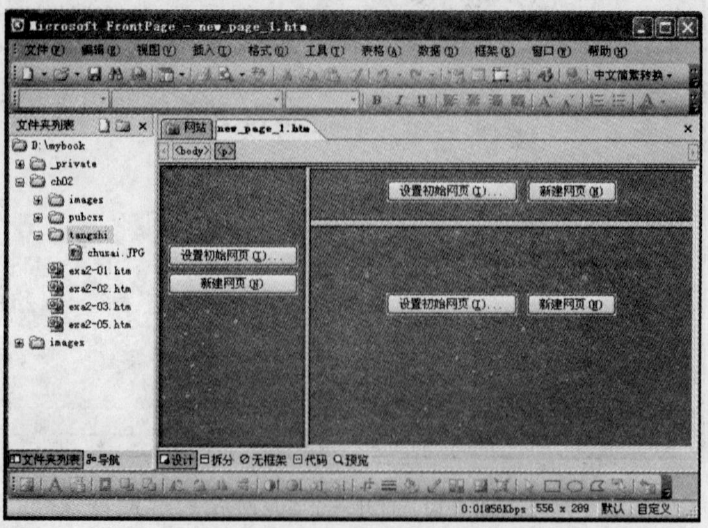

图 2-12 唐诗欣赏页面框架

(4)在各个框架内，按照要求，建立相应的页面。可设置框架属性，不显示滚动条。

3. 定义样式 CSS 文件

默认情况下，超链接在点击后将显示为访问过标记，并且超链接文本显示下划线，为此，可以定义< a >样式，使得目录对应的超链接显示更加美观。

(1)在“新建”任务窗格中，点击“其他网页模版”超链接，打开“网页模版”对话框(见图 2-11)，选择“样式表”选项卡，然后选择“普通样式表”模板，从而建立一个样式表文件 new_page_1. css。

(2)通过执行“格式”菜单中的“样式…”菜单命令，来编辑样式即可，样式编辑完成后，执行文件中的“保存”命令，并命名样式表文件为 poem. css，如图 2-13 所示。

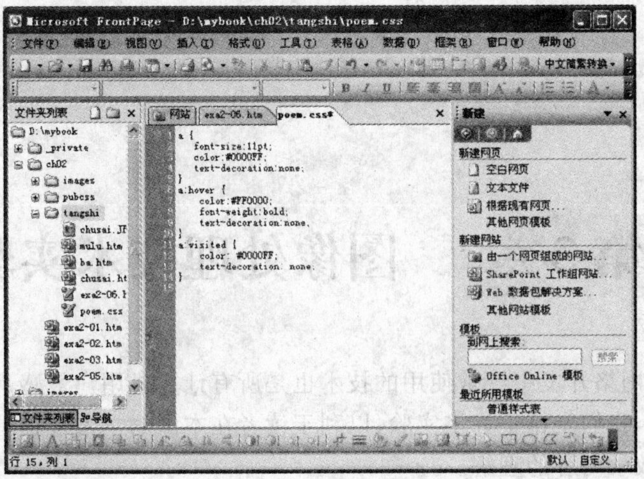

图 2-13 新建样式表文件

4. 使用样式文件

当样式表文件定义完成后，在其他网页中就可以使用其中的样式了。在 FrontPage 左侧的文件夹列表中，双击 mulu. htm 网页文件，打开该网页。然后，在“格式”菜单中，执行“样式表链接…”命令，打开“连接样式表”对话框，选择刚才定义的 poem. css 文件，则在该网页的< head >…</head >内增加下述语句：

< link rel＝"stylesheet" type＝"text/css" href＝"poem. css">

当上述步骤完成后，即实现了实验所要求的内容，FrontPage 视图如图 2-14 所示。

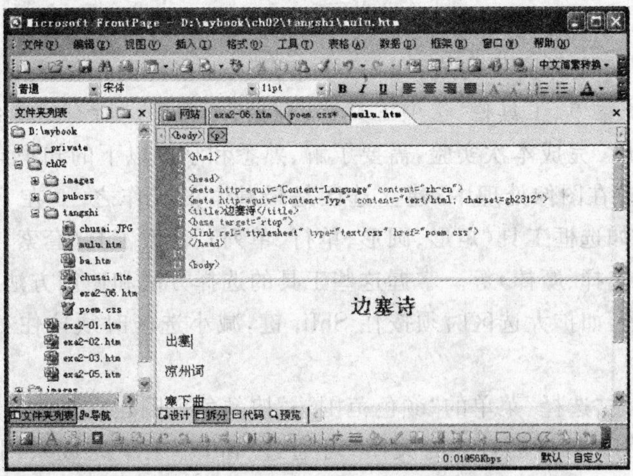

图 2-14 设计完成后的唐诗欣赏页面视图

通过本实验，大家可以利用纯粹的 HTML 标记来建立一些个性化的站点。这些站点不包含脚本程序，因此，只要有浏览器，就可以运行。所以，只要经过合理的页面导航设计和页面内容组织与美工设计，就可以制作出良好的站点。

第3章 图像处理技术实验

图像处理是网络开发中经常使用的技术也是所有计算机用户最感兴趣的技术。配合教材本章的内容，我们安排了许多实验，以利于读者在本课的学习过程中同时进行必要的实验，以加深对教学内容的理解。

对于本章实验素材，可以从网站 http://202.194.28.11/下载，下载时以来宾身份进入，在主页上找“下载中心”，然后在“Web 技术教程”中找“第 3 章实验素材”，选中后单击右键，从快捷菜单中选择“目标另存为”保存到自己的 U 盘上。这是一个 Rar 压缩文件，解压后得到一个包含了本章所有实验素材的文件夹“第 3 章实验素材”。另外，读者在实验中也可以使用自选素材。

实验一　选区操作与图像合成

一、预备知识

Photoshop CS3 主界面的构成：Photoshop CS3 的主界面是标准的 Windows 应用程序界面。包含系统菜单、工具栏、选项工具栏、调板、画布等。所有这些组件，都可以根据需要打开或者关闭。完成本次实验，需要了解、熟悉和掌握以下的知识与技能：

1. 选择工具。在图像处理中，建立选区是最基本的工作之一，在 Photoshop 中提供了多个选择工具，如选框工具（矩形、圆形、单行、单列）、套索工具（套索、多边形套索、磁性套索）、魔棒（快速选择、魔棒）等。掌握这些工具的选择方法和使用方法，注意这些工具使用时应注意的问题，如扩大选区时须按住 Shfit 键，减小选区时须按住 Alt 键。撤消选区可用 Ctrl＋D 命令。

另外，可以通过“选择”菜单的“颜色范围…”按颜色范围建立选区。

2. 调板的使用。调板的打开与关闭（可通过“窗口”菜单完成）、调板的折叠与展开（单击调板的标题栏）。常用的几个调板（导航、颜色、历史记录和图层）的使用方法。

3. 选区的保存与加载。保存选区的目的在于所建立的选区能长久保存和重复使用。可通过“选择”菜单中的相应命令完成。

4. 选区的修改。选区的修改可通过“选择”菜单完成，包括了边界、平滑、扩展、收缩和羽化五项内容。

5. 图层的简单使用。图层是图像处理中非常重要的概念，即使最简单的图像处理，也无法完全抛开图层，因此在第一个实验中就要掌握一点图层的基本操作。

二、实验目的

1. 熟悉 Photoshop CS3 的程序界面，菜单、工具栏以及各种调板。

2. 熟悉各种不同的选择工具的使用，以及选择选区的方法，注意 Alt 键和 Shift 键在选择选区时的作用。

3. 熟悉选区的操作。

4. 熟悉图层的简单操作。

5. 了解图像合成的一般过程。

三、实验环境

Windows XP Professional 操作系统，Adobe Photoshop CS3 Extended，具有网络访问功能。

四、实验内容

打开素材文件“都市 .jpg”[图 3-1(a)]和“蓝天白云 .jpg”[图 3-1(b)]，请将图 3-1(a)中的都市的天空部分更换成图 3-1(b)所示的蓝天白云，最后形成的结果如图 3-1(c)所示。

(a)　(b)　(c)

图 3-1　实验一素材与结果图片

五、知识要点

Photoshop CS3 的界面组成；导航调板、图层调板、颜色调板等的使用方法；选择工具的使用方法；选区的操作；抠图的方法；图层的操作。

六、实验步骤

实验的操作步骤如下：

(1)启动 Photoshop CS3，打开已经保存到本地机上的两个素材图片“都市 .jpg”和“蓝天白云 .jpg”。

(2)在都市图片中，综合利用不同的选择工具建立起天空部分的选区，如图 3-2(a)

所示。

(3)选择菜单“选择”|“反向”，将除天空外的部分作为选区，如图 3-2(b)所示。

(a) (b)

图 3-2 实验一操作步骤之一

(4)将选区图像复制到剪贴板，再粘贴，形成一个新图层“图层 1”，更名为“都市”。

(5)把背景层作为当前层，选择“图层”|“新建”|“图层”，建立一个新图，重命名为“蓝天”。如图 3-3(a)所示。

(6)进入“蓝天白云”文件窗口，选择其中的蓝天部分为选区，如图 3-3(b)所示。

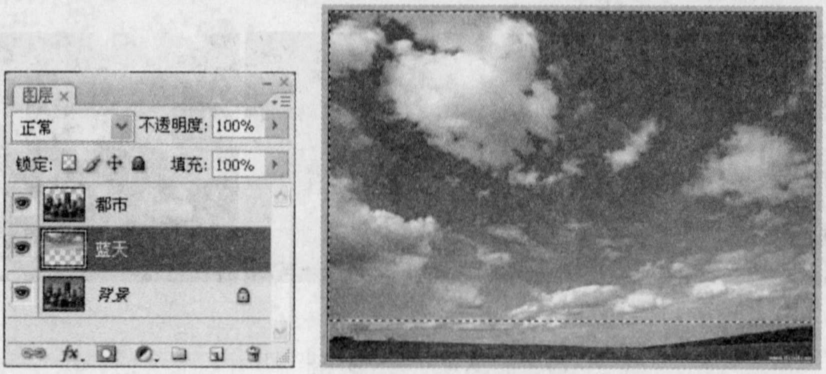

(a) (b)

图 3-3 实验一操作步骤之二

(7)用 Ctrl+C 复制选区，进入“都市 01”文件窗口，粘贴到“蓝天”图层上，如图 3-4(a)所示。

(8)隐藏“都市”，选择中“蓝天”图层为当前层，选择菜单“编辑”|“变换”|“缩放”，如图 3-4(b)所示，缩放的大小合适时按 Enter 键完成缩放。

(9)显示“图层 1”，结果如图 3-1(c)所示。

(10)保存文件，结束。

(a)　　　　　　　　　　　　(b)

图 3-4　实验一操作步骤之三

实验二　羽化选区与图像合成

一、预备知识

完成本次实验，除在实验一中所要求的预备知识外，重点是选区的羽化功能。

羽化选区可以使选区的边界从不透明向完全透明逐渐过渡，在图像合成中经常使用。

二、实验目的

1. 熟悉 Photoshop CS3 的程序界面，菜单、工具栏以及各种调板。
2. 熟悉各种不同的选择工具的使用，以及选择选区的方法。
3. 熟悉选区的操作，重点实验怎样对选区进行羽化处理。
4. 熟悉图层的简单操作。
5. 通过本次实验掌握图像合成的一般过程。

三、实验环境

Windows XP Professional 操作系统，Adobe Photoshop CS3 Extended，具有网络访问功能。

四、实验内容

打开下载的素材文件“陈毅 .jpg”[图 3-1(a)]、“大雪压青松 .jpg”[图 3-1(b)]和“雪松 .jpg”[图 3-5(c)]，请使用这些素材制作出图 3-6 所示的图片，注意陈毅同志像下部是经过羽化处理的。

(a) (b) (c)

图 3-5　实验二素材图片

图 3-6　实验二结果图片

五、知识要点

本实验涉及的知识点和技能点有：导航调板、图层调板、颜色调板等的综合使用方法；选择工具的使用综合方法；选区的羽化；图像的缩放变换；图像的移动；图层的操作。

六、实验步骤

实验的操作步骤如下：

1. 启动 Photoshop CS3，打开已经保存到本地机上的三个素材图片“陈毅 . jpg”、“大雪压青松 . jpg”和“雪松 . jpg”。

2. 进入“陈毅”文件窗口，建立选区，如图 3-7(a)所示。

3. 用 Ctrl＋C 复制选区图像，进入“雪松”文件窗口，用 Ctrl＋V 命令粘贴选区图像到该窗口中，如图 3-7(b)所示。

(a)　　　　(b)

图 3-7　实验二操作步骤之一

4. 在陈毅头像图层上，用魔棒单击图层的空白处，菜单“选择”|“反向”，反选头像。再用多边形选择工具，按住 Shift 键扩展选区，扩展后如图 3-8(a)所示。

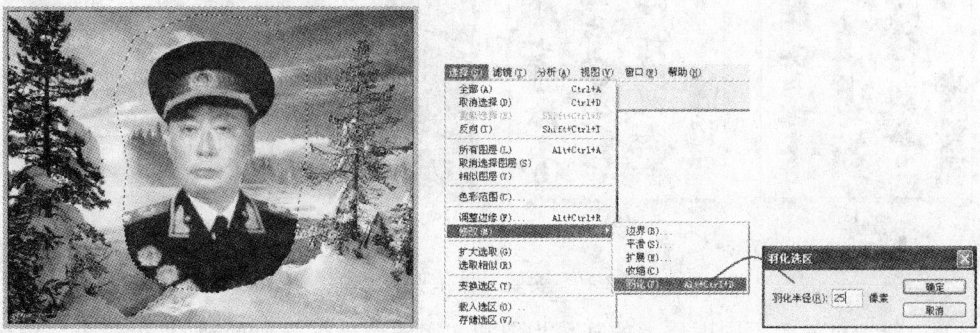

(a)　　　　(b)

图 3-8　实验二操作步骤之二

5. 选择菜单“选择”|“修改”|“羽化”，打开“羽化”对话框，如图 3-8(b)所示。

6. 输入羽化值 25，单击“确定”按钮。

7. 选择菜单“选择”|“反向”，反选选区，然后多次按 delete 键，直到头像下部的边缘与背景融合为止，结果如图 3-9(a)所示。

8. 进入“大雪压青松”文件窗口，选择菜单“选择”|“颜色范围…”，打开“颜色范围”对话框，设置被选择的颜色为白色，颜色容差为 129，如图 3-9(b)所示。

9. 按“确定”后可以看到选区为白色区域，如图 3-10(a)所示。反选选区，结果如图 3-10(b)所示。

10. 按 Ctrl＋C 复制选区图像，回到“雪松”窗口，用命令 Ctrl＋V 粘贴，剪贴板上的图像粘贴到一个新图层上，结果如图 3-10(c)所示。

(a)　　　　(b)

图 3-9　实验二操作步骤之三

(a)　　　　(b)　　　　(c)

图 3-10　实验二操作步骤之四

11. 分别对处于不同图层上的陈毅头像和文字图像进行缩放处理(菜单命令:“编辑”|“变换”|“缩放”,如图 3-11(a)所示)和位置的移动调整。

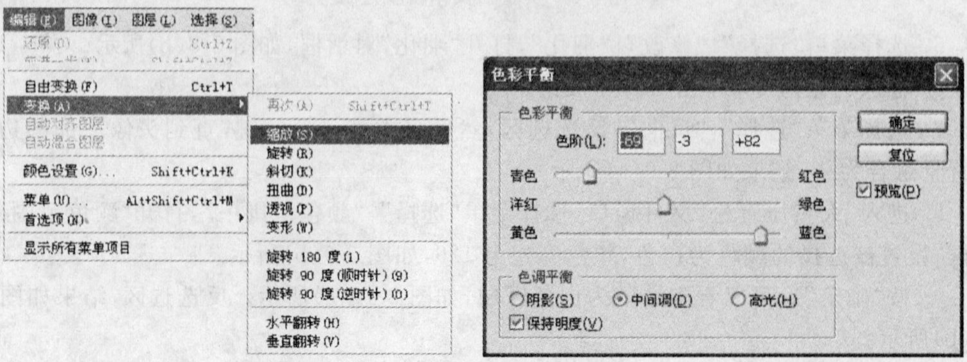

(a)　　　　(b)

图 3-11　实验二操作步骤之五

12. 选择陈毅头像图层，为了整图的色调一致，可以通过菜单命令“图像”|“调整”|“色彩平衡”来进行调整，如图 3-11(b)所示。

13. 调整头像的颜色平衡后，单击“确定”按钮，最终结果见图 3-6。

实验三　仿制图章的应用

一、预备知识

本次实验除前面用到过的操作技能以外，重点是练习仿制图章的使用方法。仿制图章在图像的修复以及图像的合成中都经常会用到，它可以用图像中某一区域的图像来覆盖另一区域的图像，也可以用来将图中的一部分复制到其他位置。

仿制图章的使用过程见教材的第 3.4 节。

二、实验目的

熟悉和掌握仿制图章在图像处理中的应用。

三、实验环境

Windows XP Professional 操作系统，Adobe Photoshop CS3 Extended，具有网络访问功能。

四、实验内容

打开素材文件“小鸟 .jpg”[图 3-12(a)]，使用仿制图章工具将图像中的小鸟再复制一个，做成如图 3-12(b)的样子。

(a)　　(b)

图 3-12　实验三素材和结果图片

五、知识要点

仿制图章工具；仿制源；仿制图章的应用。

六、实验步骤

1. 启动 Photoshop，打开已经下载的图像文件“小鸟 . jpg”。

2. 按下“仿制图章工具”。

3. 按住 Alt 键单击图像上的一点作为仿制源，如图 3-13(a)所示。

4. 确定与仿制源对应的目的基准位置，然后按住左键开始沿被仿制图像的边沿开始涂抹，如图 3-13(b)所示。直到仿制完成。

5. 保存文件。

(a) (b)

图 3-13 实验三操作步骤

实验四 图像修复

一、预备知识

Photoshop CS3 提供了多个图像修复工具，综合使用这些工具可以完成图像不同问题的修复。主要有以下几个：①污点修复画笔工具；②修复画笔工具；③修补工具；④红眼工具。在图像的修复过程中，除使用以上工具外，还需要综合使用各种画笔、仿制图章、橡皮等工具。另外，通过 Ctrl＋C 和 Ctrl＋V 命令复制粘贴图像，以及用 Ctrl＋E 向下合并图层命令。

二、实验目的

熟悉图像修复工具的用法以及熟悉图像修复的一般过程。

三、实验环境

Windows XP Professional 操作系统，Adobe Photoshop CS3 Extended，具有网络访问功能。

四、实验内容

打开下载的素材文件“田园风光 . jpg”[图 3-14(a)]，画面上有很多污点和破损，使用图像修复工具修复该图像，修复后的图像应与图 3-14 (b)相似。

(a)　(b)

图 3-14　实验四素材和结果图片

五、知识要点

选区的建立；选区图像的复制与粘贴；向下合并图层；污点消除工具；修补工具；修复画笔；图像修复的方法与过程。

六、实验步骤

1. 启动 Photoshop，打开已经下载的图像文件“田园风光 . jpg”。

2. 综合使用各种修复工具，进行修复工作，由于图像中需要修复的位置太多，需要使用不同的修复工具和方法，下面只是几个典型的举例。

3. 使用“复制/粘贴”修复，如图 3-15(a)所示的位置宜于使用“复制/粘贴”的方法。

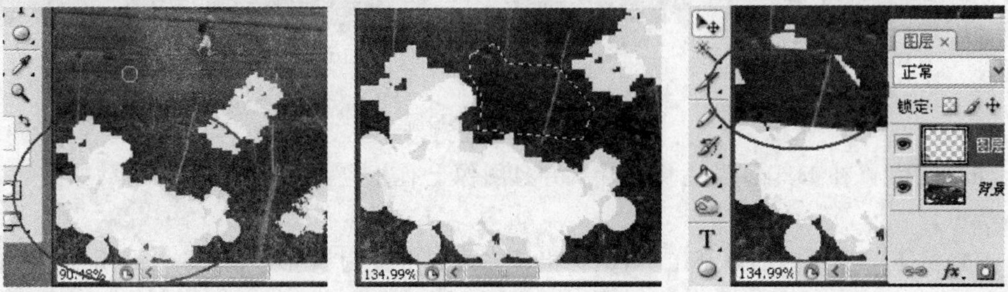

(a)　(b)　(c)

图 3-15　实验四操作步骤之一

(1)选取用来粘补的图像选区,如图 3-15(b)所示。

(2)按 Ctrl+C 复制选区,按 Ctrl+V 粘贴选区图像形成一新图层,且自动为当前图层。

(3)用移动工具移动图像到目的位置,如图 3-15(c)所示。

(4)然后按 Ctrl+E 合并图层。

(5)找合适的修补图像,再修补其他位置。

4. 使用“污点修复工具”。对于图像中的污点,适合于使用该工具,如图 3-16(a)所示。

(1)按下污点修复工具,将笔头大小调大一些,如图 3-16(b)所示。

(2)单击污点位置,污点即被去除,如图 3-16(c)所示。

(a) (b) (c)

图 3-16　实验四操作步骤之二

5. 使用“修复画笔”。一些不太大的片状破损适合使用该工具,如图 3-17(a)所示。

(1)找到适于使用修复画笔的污点,按下工具栏上的“污点画笔”,在画面上找到合适的修复源,按住 Alt 键单击修复源,如图 3-17(b)所示。

(2)到污点位置开始按住左键涂抹,如图 3-17(c)所示,涂抹完成后放开左键,结果所图 3-17(d)所示。

(a) (b) (c) (d)

图 3-17　实验四操作步骤之三

6. 使用“修补工具”,适用于片状并且图像上有相应替补区的问题图像,如图 3-18(a)所示。

(1)按下工具栏上的修补工具,鼠标指针在画布上变为形,在图像上的用来替补的区域画出补丁选区,如图 3-18(b),放开左键后如图 3-18(c)所示。

(2)按住左键将补丁选区拖向问题位置,以补丁选区的图像替换之,如图 3-18(d)

所示。

(3)放开左键，撤消选区，可以看到问题图像被替换，如图 3-18(e)所示。

7. 用“仿制图章工具”修复。方法参见实验三。

8. 修复完成后保存修复后的图像。

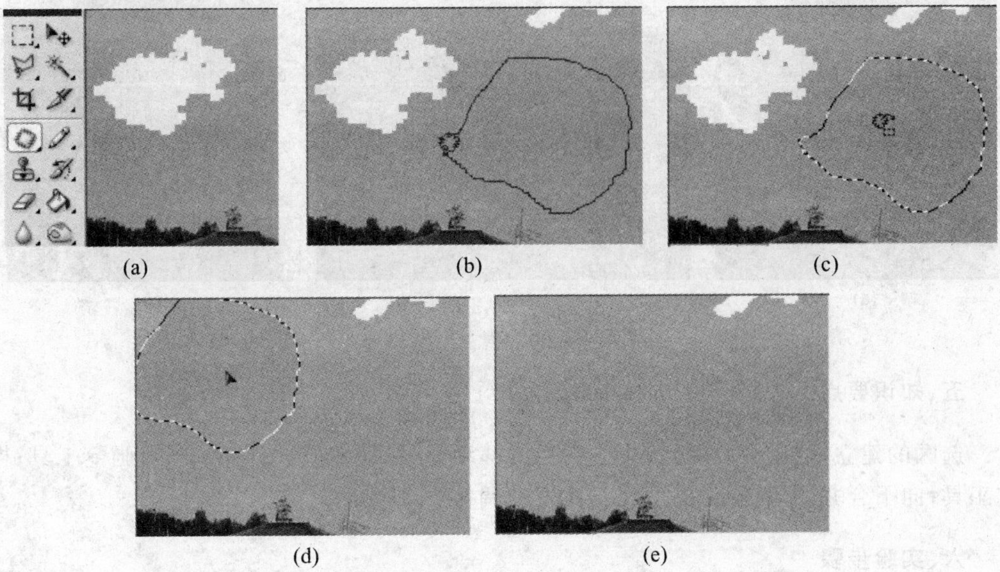

图 3-18　实验四操作步骤之四

实验五　图像合成(一)

一、预备知识

本次实验所用到的知识主要有：建立选区；选区复制；图层操作；图像修理。

二、实验目的

熟悉图像合成的基本方法。

三、实验环境

Windows XP Professional 操作系统，Adobe Photoshop CS3 Extended，具有网络访问功能。

四、实验内容

打开下载的素材文件“人物 01.jpg”(图 3-19(a))和“人物 02.jpg”(图 3-19(b))，将人物 02 中人的面部取下来合成到人物 01 的面部，再经过必要的处理后，最后结果如图 3-19(c)所示。

(a)　　(b)　　(c)

图 3-19　实验五素材与结果图片

五、知识要点

选区的建立;选区的复制与粘贴;图像的移动;图像的缩放;图像的旋转;画笔工具;橡皮工具;向下合并图层;图像亮度和对比度的调整。

六、实验步骤

1. 启动 Photoshop,打开已经下载的图像文件“人物 01. jpg”和“人物 02. jpg”。

2. 进入“人物 02”文件窗口,使用选择工具在人物的面部建立选区,如图 3-20(a)所示。

3. 用 Ctrl+C 命令复制选区图像到剪贴板。

4. 进入“人物 01”文件窗口,粘贴剪贴板上的图像,自动建立“图层 1”,为头像图层,结果如图 3-20(b)所示。

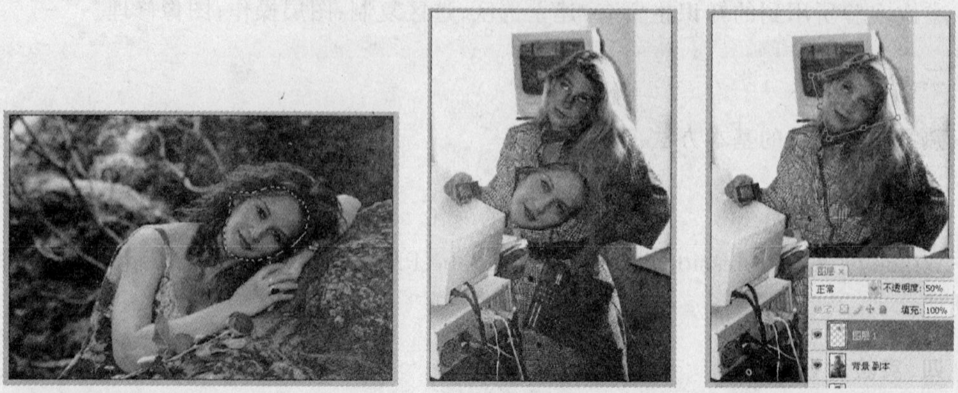

(a)　　(b)　　(c)

图 3-20　实验五操作步骤之一

5. 将头像移到原图的面部位置。选择菜单“编辑”|“自由变换”，缩放头像大小、旋转头像角度，为了便于对齐原图像面部，可以将头像图层设置为半透明状态（不透明度为50%），如图3-20(c)所示。

6. 按下“橡皮”工具，对头像的边缘多余的部分进行擦除，避免合成图像的生硬感，如图3-21(a)所示。

7. 由于原图的面部与新加入头像的面部颜色深浅上有些差异，为了消除这一差异，选择菜单“图像”|“亮度/对比度”，打开“亮度/对比度”对话框，如图3-21(b)中所示。

8. 将新面部的亮度稍微调低（注意预览效果），完成后单击“确定”按钮。

9. 完成图像合成，保存文件，结果如图3-19(c)所示。

(a)

(b)

图 3-21　实验五操作步骤之二

实验六　图像合成(二)

一、预备知识

本实验所用到的知识主要有：建立选区；选区复制；图层操作；图像修补；图像变换（变形）；图像的合成。

二、实验目的

熟悉图像合成的基本方法。

三、实验环境

Windows XP Professional 操作系统，Adobe Photoshop CS3 Extended，具有网络访问功能。

四、实验内容

打开下载的素材文件“山石 .jpg”[(图 3-22(a)]和“振兴中华 .jpg”[图 3-22(b)],先综合使用各种工具对图像“山石 .jpg”进行处理,将其中的人像以及文字全部去掉,修复成如图 3-22(c)所示的图像。然后将“振兴中华 .jpg”图像中的文字合成到“山石 .jpg”当中,文字加在巨石上,最后的结果如图 3-22(d)所示。

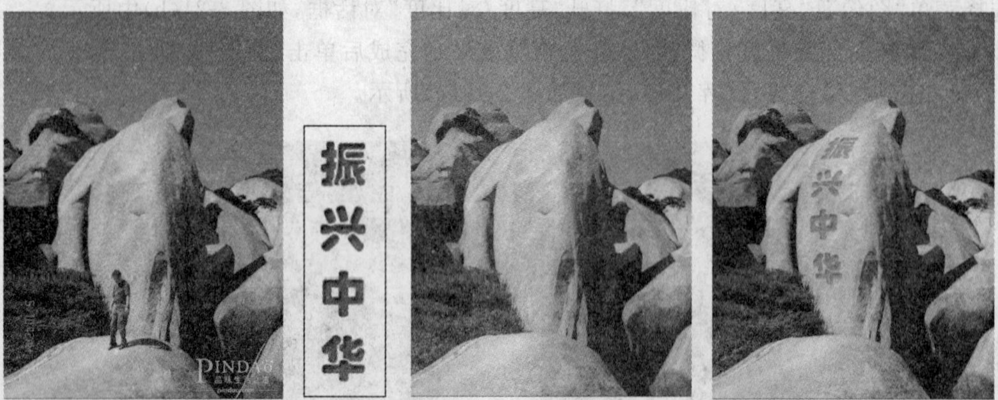

(a) (b) (c) (d)

图 3-22　实验六素材与结果图片

五、知识要点

选择工具;选区的建立;选区的复制与粘贴;图像的修复;图像的变换;图像的变形变换;图层透明度的设置。

六、实验步骤

1. 启动 Photoshop,打开已经下载的图像文件“山石 .jpg”和“振兴中华 .jpg”。

2. 进入“山石”文件窗口,对图像进行消除文字和人物的修复工作。修复的方法可以参照实验四的操作步骤,此处不再重复。最后可以达到图 3-22(c)所示的效果。

3. 进入“振兴中华”文件窗口。

4. 全选整个图像,用 Ctrl+C 命令将图像复制到剪贴板。

5. 回到“山石”文件窗口,用 Ctrl+V 命令将剪贴板上的图像粘贴为一个新图层,图层为“图层 1”,如图 3-23(a)所示。

6. 设置“图层 1”的图层混合模式为“颜色加深”,如图 3-23(b)所示。

7. 选择菜单“编辑”|“变换”|“缩放”,调整文字图像的大小和位置,如图 3-23(c)所示。

8. 选择菜单“编辑”|“变换”|“变形”,根据岩石的斜面及倾斜走势变形文字图像,如图 3-24(a)所示。完成后按 Enter 键。

9. 适度调整文字图像的“不透明度”,以显得文字有一定的沧桑感,如图 3-24(b)所示。

(a)　　　　(b)　　　　(c)

图 3-23　实验六操作步骤之一

10. 保存文件，结果如图 3-22(d)所示。

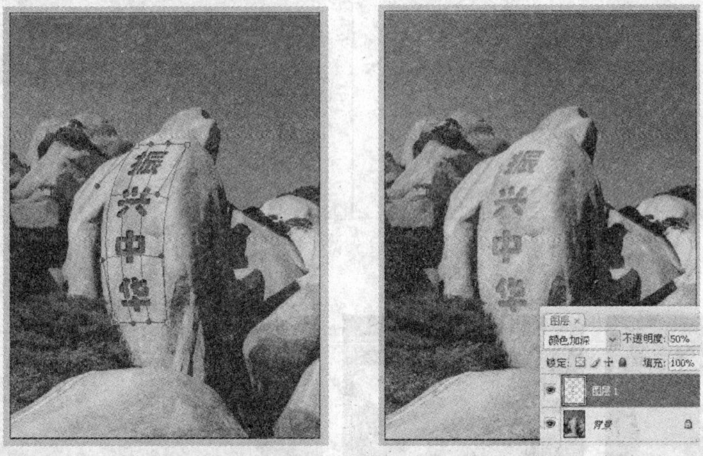

(a)　　　　(b)

图 3-24　实验六操作步骤之二

实验七　图层应用

一、预备知识

图层在前面的实验中已经大量地使用，实际上本次实验只是进一步巩固和提高我们的图层应用能力。所用到的知识技能主要有：

1. 建立选区。选区操作；图像修补；图像变换；图像的合成。

2. 图层调板的构成；图层的调序；图层的基本操作（建立、删除、复制等）；图层的混合模式;图层的不透明度;图层的样式。

二、实验目的

熟悉和掌握图层的基本应用方法和与图层相关的图像处理。

三、实验环境

Windows XP Professional 操作系统,Adobe Photoshop CS3 Extended,具有网络访问功能。

四、实验内容

打开下载的素材文件“土崖.jpg”[图 3-25(a)]、“丘比特.jpg”[图 3-25(b)]、“猫.jpg”[图 3-25(c)]和“鼠.jpg”[图 3-25(d)],先使用选择工具将其中的猫、鼠和丘比特图像对象都复制到土崖图片中,经过合成处理,结果如图 3-25(e)所示。

(a) (b) (c) (d) (e)

图 3-25 实验七素材与结果图片

五、知识要点

本实验涉及的知识点和技能点有:选择工具的使用;选区的建立;图像的缩放;图像的翻转;形状图层;自定义形状;图层的操作;图层的混合模式;图层蒙版;矢量蒙版。

六、实验步骤

1. 启动 Photoshop,打开已经下载的图像文件“土崖.jpg”、“丘比特.jpg”、“猫.jpg”和“鼠.jpg”。

2. 以“猫.jpg”为活动窗口,通过魔棒工具单击图像的蓝色区域,反选,得到猫图选区，如图 3-26(a)所示。

3. 用 Ctrl＋C 复制选区对象到剪贴板。

4. 以“土崖 .jpg”窗口为活动窗口，用 Ctrl＋V 命令将图像粘贴到该窗口中，形成一个新图层，命名为“猫”，如图 3-26(b)所示。

5. 用菜单命令“编辑”|“变换”|“缩放”将猫缩到适当大小，移到土崖上方，如图 3-26(c)所示。

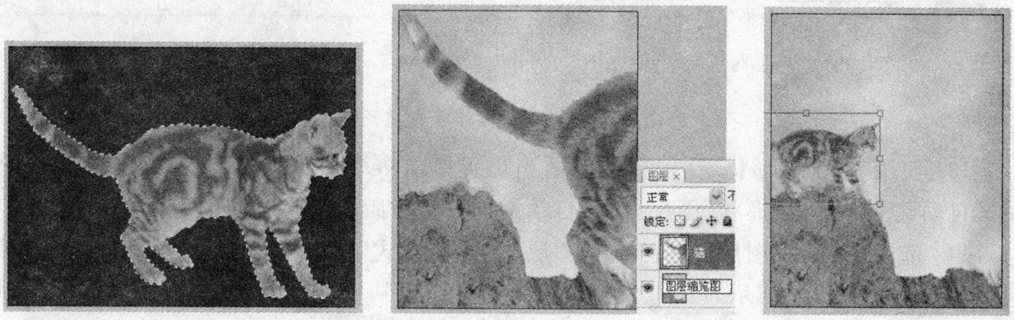

(a)　　(b)　　(c)

图 3-26　实验七操作步骤之一

6. 到“鼠 .jpg”窗口，用魔棒工具单击蓝色区域，反选，得鼠图像选区，如图 3-27(a)所示。

7. 用命令 Ctrl＋C 将选区图像复制到剪贴板。

8. 回到“土崖 .jpg”窗口，用 Ctrl＋V 命令粘贴鼠图像，形成一个新图层，图层命名为“鼠”，如图 3-27(b)所示。

9. 将鼠图像水平翻转。

10. 通过图像菜单命令将鼠缩小到适当的大小，调整好它的位置，如图 3-27(c)所示。

(a)　　(b)　　(c)

图 3-27　实验七操作步骤之二

11. 在工具栏上找到“自定义形状”工具，如图 3-28(a)所示。这时选择工具栏变成“自定义形状”的工具栏，如图 3-28(b)所示。

12. 选择“心”形状，如图 3-28(c)所示。

(a)　　　　(b)　　　　(c)

图 3-28　实验七操作步骤之三

13. 使用“自定义形状”在画布上的适当位置拖出多个适当大小的心形图案，每一个图案自动建立一新的“形状”图层，而且自动增加矢量蒙版，如图 3-29(a)所示。

14. 选中“形状 1”图层，选择菜单“图层”|“图层样式”|“渐变叠加”，打开“图层样式”对话框，如图 3-29(b)所示。

15. 选择红、黄色双色反向过渡，过渡样式为径向，设置完成后关闭对话框。

16. 在图层调板中选择“形状 1”图层，单击右键，从快捷菜单中选择“拷贝图层样式”，如图 3-29(c)所示。

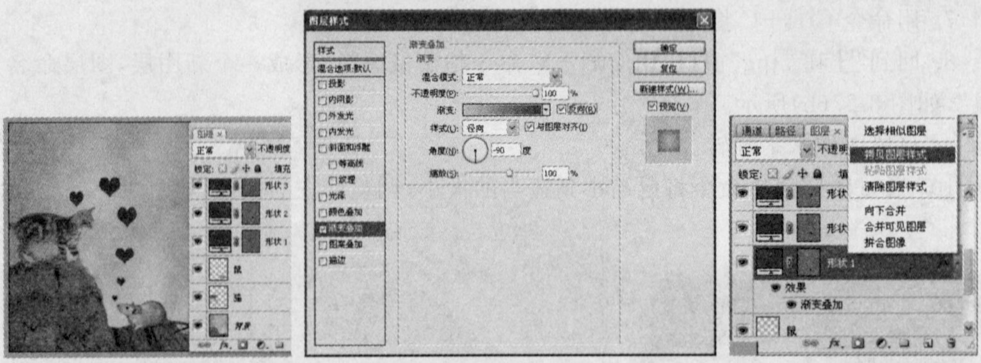

(a)　　　　(b)　　　　(c)

图 3-29　实验七操作步骤之四

17. 选择并且指向“形状 2”图层，单击右键，从快捷菜单中选择“粘贴图层样式”，如图 3-30(a)所示。

18. 重复步骤 17，将图层样式粘贴到“形状 3”图层，“形状 4”图层……直到“形状 7”图层，完成后如图 3-30 (b)所示。

19. 到“丘比特 .jpg”窗口，建立矩形选区，如图 3-30(c)所示。用 Ctrl＋C 将选区图像复制到剪贴板。

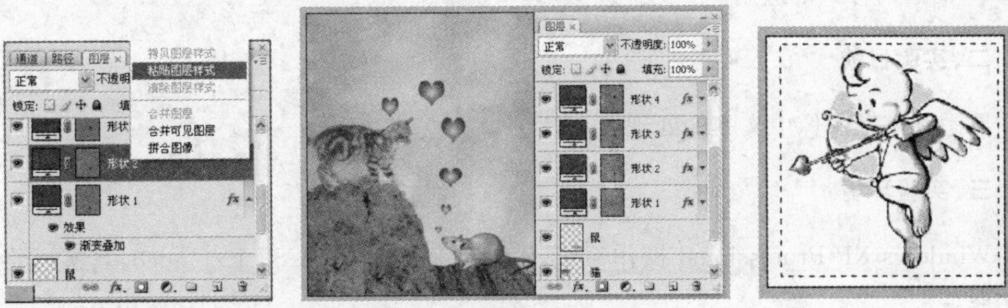

(a)　　　　　(b)　　　　　(c)

图 3-30　实验七操作步骤之五

20. 回到“土崖 .jpg”窗口，用 Ctrl＋V 命令粘贴剪贴板上的图像，如图 3-31(a)所示。

21. 用菜单命令“编辑”|“自由变换”，将丘比特调整到合适的位置和角度。如图 3-31(b)所示。

(a)　　　　　(b)

图 3-31　实验七操作步骤之六

22. 在图层调板中选中“丘比特”图层，选择图层混合模式为“颜色加深”，效果如图 3-25(e)所示。

23. 图像合成完成，保存文件。

实验八　文字图层的应用

一、预备知识

在图像处理中，经常需要在图像中加入文本，并且设置一定的文本格式。Photoshop 中的文本是保存在一个专门的图层(文本图层)上的。因此为了设置文本的一些特殊效果，我们也经常通过图层样式来完成。本次实验用到的知识主要有：

1. 文本工具的使用、文本选项工具栏，文本格式与段落格式调板、文字变形调板。

2. 图层的样式的应用。

二、实验目的

熟悉和掌握图像中文本的处理。

三、实验环境

Windows XP Professional 操作系统，Adobe Photoshop CS3 Extended，具有网络访问功能。

四、实验内容

1. 制作如图 3-32 所示的文字图像。

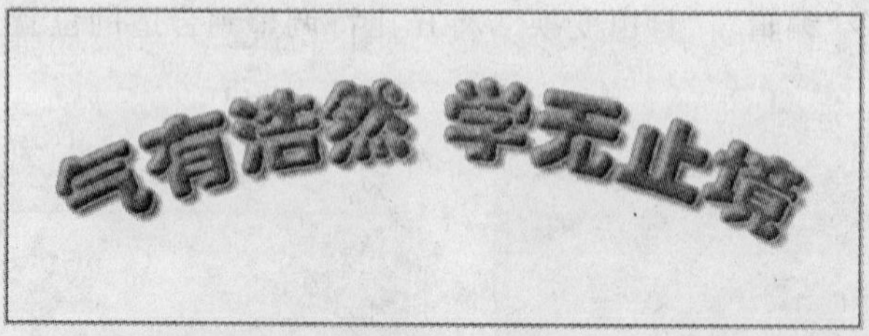

图 3-32　实验八文字效果

2. 在图像中加入水印效果，形成如图 3-33 所示的文字图像。

图 3-33　实验八文字效果

五、知识要点

本实验涉及的知识点和技能点有：文本工具；文本的插入；文本的格式设置；文本的变形；图层样式；图形。

六、实验步骤

1. 如图 3-32 所示的文字图像制作的操作步骤如下：

(1)启动 Photoshop，建立一大小为 620×220，RGB 模式的新文档。

(2)在工具栏上按下“文字工具”，窗口上方出现“文字选项”工具栏，单击画布，进入文字输入状态，输入文字，如图 3-34 所示。

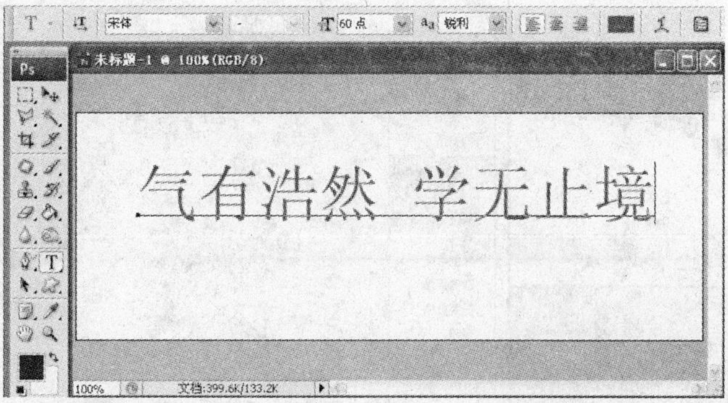

图 3-34　实验八操作步骤之一

(3)从“文字选项”工具栏上选择字体“琥珀简体”，字号大小为 60 像素，红色文字。如图 3-35 所示。

图 3-35　实验八操作步骤之二

(4)打开“创建文字变形”调板[见教材图 3-40(c)]，设置样式为“扇形”，水平，弯曲度为 30%，文字的形式如图 3-36 所示。

图 3-36　实验八操作步骤之三

(5)单击“移动工具”，退出文字处理状态。

(6)选择菜单“图层”|“图层样式”|“斜面和浮雕”，打开“图层样式”对话框，如图 3-37 所示。

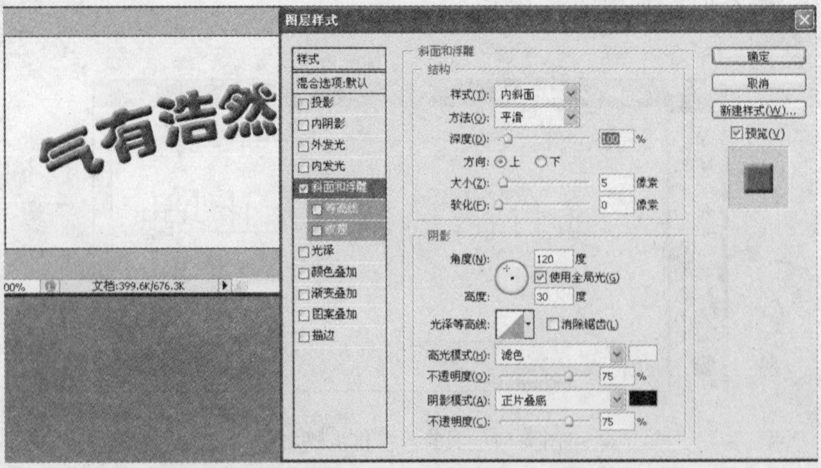

图 3-37　实验八操作步骤之四

(7)设置斜面的大小为 4。

(8)另外,从左侧的样式列表中选择“阴影”,设置阴影的角度为 145 度、距离为 6、大小为 5。

(9)从样式列表中选择“描边”,设置描边颜色为天蓝色(# 03c6fe)、大小为 2 像素。设置完成后单击“确定”结束。

2. 如图 3-33 所示的文字图像制作的操作步骤如下:

(1)启动 Photoshop,打开下载的资源文件“草原风光 .jpg”,作为背景图片。

(2)在工具栏上按下“文字工具 T”,窗口上方出现“文字选项”工具栏,单击画布,进入文字输入状态,输入文字,选中所有文字,设置文字格式如图 3-38 中所示。

图 3-38　实验八操作步骤之五

(3)选择菜单“图层”|“图层样式”|“斜面和浮雕”,打开“图层样式”对话框,如图 3.37 所示。也可以单击图层调板底部的小按钮“fx”,再从弹出的列表中选择样式。

(4)在该对话框中作如下设置:样式:内斜面;方法:平滑;深度:100%;方向:上;大小:

5 像素；软化：0 像素；阴影角度：120 度；使用全局光；高度：30 度；高光模式：滤色、阴影模式：正片叠底。完成后单击“确定”关闭对话框，如图 3-39(a)所示。

(a)

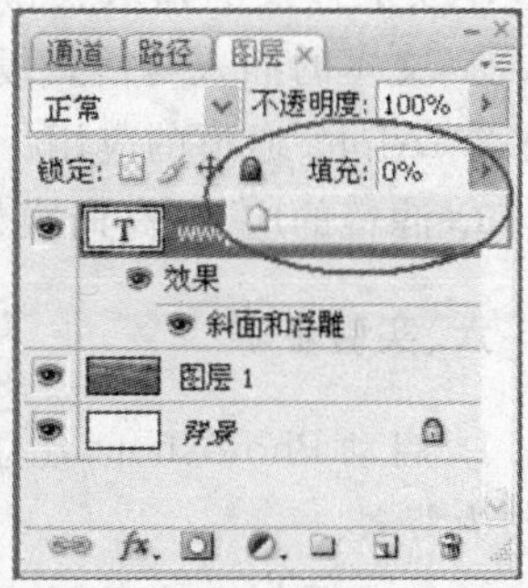

(b)

图 3-39　实验八操作步骤之六

(4)在图层调板中以文字图层为当前层，调整“填充”为 0%，如图 3-39(b)所示。可以看到画布上的文字呈现为水印形式，如图 3-33 所示。

(5)水印文字制作完成。保存文件。

实验九　通道与滤镜的应用实验

一、预备知识

1. 文本工具的使用、文本选项工具栏，文本格式与段落格式调板、文字变形调板。
2. 图层的样式的应用，图层的填充设置。
3. 通道的应用。
4. 滤镜的应用。

二、实验目的

熟悉和掌握图像中文本的处理。

三、实验环境

Windows XP Professional 操作系统，Adobe Photoshop CS3 Extended，具有网络访问功能。

四、实验内容

使用 Photoshop CS3 制作一个如图 3-40 所示的镏金“福”字。

图 3-40　实验十文字效果

五、知识要点

本实验涉及的知识点和技能点有：

1. 文本的插入与格式设置。
2. Alpha 通道的应用。
3. 滤镜的应用：高斯模糊、滤镜库中的铬黄渐变。

六、实验步骤

1. 启动 Photoshop，建立一个 360×360、RGB 色彩模式的新文档，以象征喜庆的大红色作为背景。

2. 在工具栏上按下“文字工具 T”，使用该工具输入一个“福”字，通过“文字选项”工具设置字体为“行楷”，文字大小为 350 像素。文字的颜色为黄色（#00ffff），如图 3-41 所示。

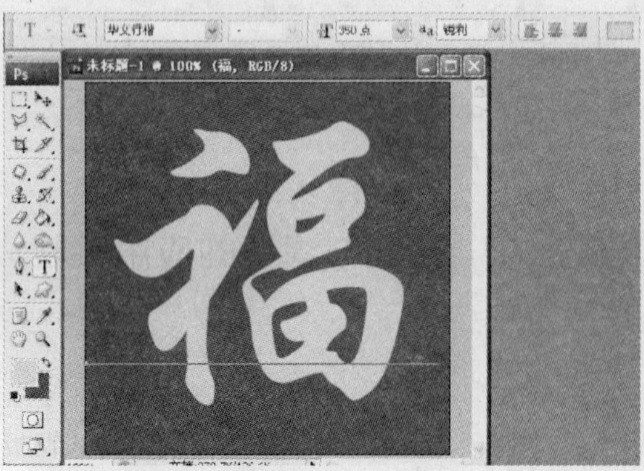

图 3-41　实验十操作步骤之一

3. 打开“通道”调板，建立一个 Alphak-1 通道，用福字建立选区，在 Alpha-1 中用白色填充，如图 3-42(a)所示。

4. 采用“滤镜”|“模糊”|“高斯模糊”，模糊半径为 5.0 像素，如图 3-42(b)所示。

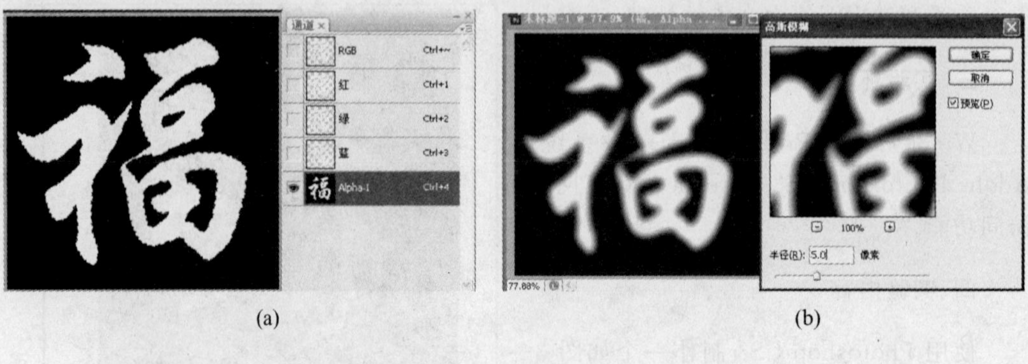

(a)　(b)

图 3-42　实验十操作步骤之二

5. 选择原“福”字的选区，再回到“通道”调板的 Alpha-1 通道上，如图 3-43(a)所示。

6. 选择菜单“滤镜”|“滤镜库…”，打开滤镜库窗口，选择“铬黄渐变”，如图 3-43(b)所示。

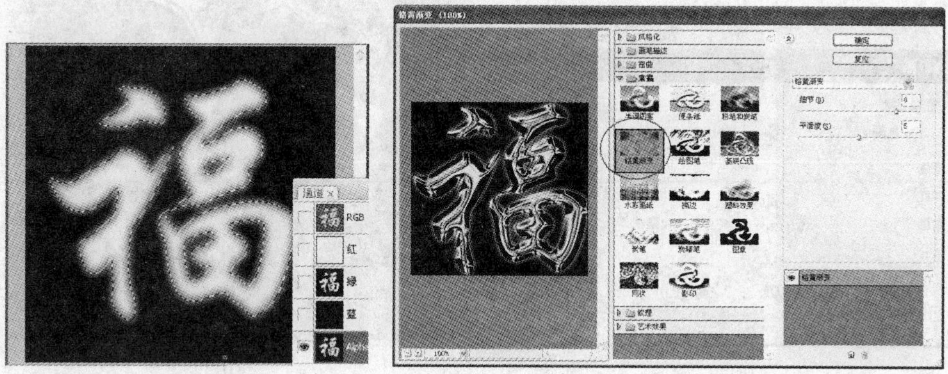

(a)　　　　　　　　　　　　(b)

图 3-43　实验十操作步骤之三

7. 关闭滤镜库窗口，如图 3-44(a)所示。

8. 按 Ctrl+C 命令将 Alpha-1 通道中的选区图像复制到剪贴板上。

9. 回到“图层”调板，Ctrl+V 粘贴图像到一个新图层上，如图 3-44(b)所示。

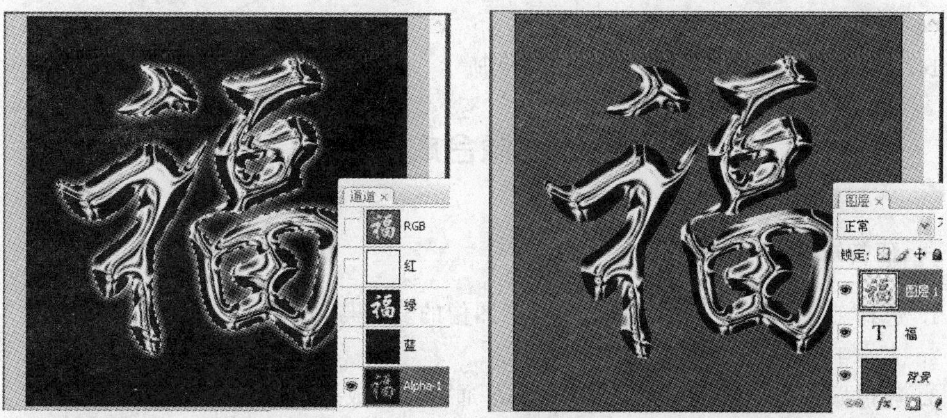

(a)　　　　　　　　　　　　(b)

图 3-44　实验十操作步骤之四

10. 以新复制的图层为当前图层，选择菜单“图像”|“调整”|“颜色平衡”，打开“颜色平衡”对话框，如图 3-45(a)所示。

11. 将色阶的第三个值调到−100，单击“确定”按钮。

12. 重复步骤 10～11 至少四次，使文字的颜色接近黄色为止，结果如图 3-45(b)所示。

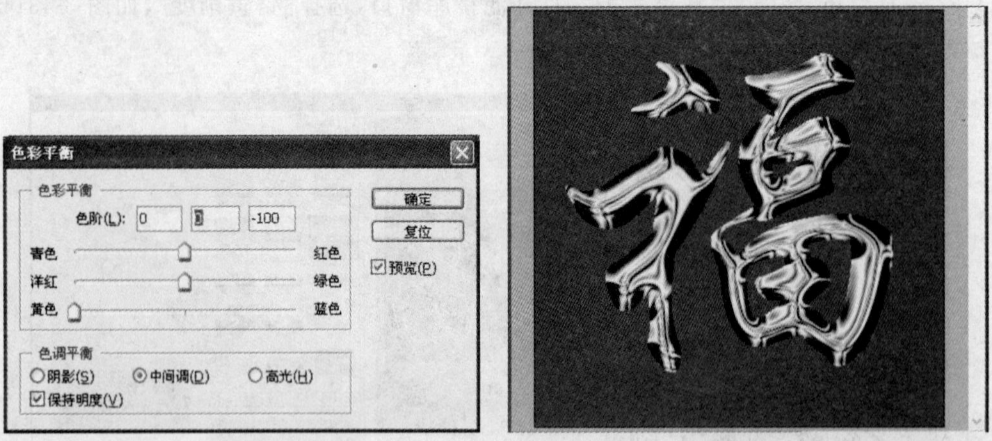

(a) (b)

图 3-45 实验十操作步骤之五

13. 为了镏金的黄色更柔和一些，可以用以下方法增加一些黄色：

(1)复制文字图层；

(2)通过该图层的快捷菜单选"栅格化文字"，将所复制的文字图层栅格化；

(3)把此图层调到最上层；

(4)调整此图层的不透明度为"30％"。

14. 镏金文字制作完成，结果如图 3-40 所示。保存文件。

实验十 图像合成综合练习

一、预备知识

1. 选择工具的使用，选区的建立，选区图像的复制与粘贴。
2. 文本工具的使用、文本选项工具栏。
3. 通道操作，Alpha 通道的建立，Alpha 通道转换成选区。
4. 图层混合模式的设置，图层不透明度的设置，图层蒙版的应用，图层的样式的应用。

二、实验目的

熟练掌握图像合成的基本方法，掌握各种图像处理工具的综合使用。

三、实验环境

Windows XP Professional 操作系统，Adobe Photoshop CS3 Extended，具有网络访问功能。

四、实验内容

打开下载的素材文件"夕阳.jpg"[图 3-46(a)]和"枯树.jpg"[图 3-46(b)]"背篓女孩.

jpg"[图 3-46(c)]和"人物 03.jpg"[图 3-46 图 3-47(d)],然后在 Photoshop 下使用这些素材,合成出如图 3-47 所示的图像。

(a)

(b)

(c)

(d)

图 3-46　实验十素材

图 3-47　实验十结果图像

五、知识要点

选区的建立;选区的复制与粘贴;Alpha 通道的建立;通道与选区的转换;文字工具的使用;文字格式的设置;文字的变形;图层的混合模式;图层的不透明度;图层的蒙版。

六、实验步骤

1. 启动 Photoshop,打开如图 3-46 所示(a)～(d)四个素材图像。
2. 以"夕阳"窗口为当前窗口,建立夕阳部分的矩形选区,如图 3-48(a)所示。
3. 复制选区图像到剪贴板。
4. 选择菜单"文件"|"新建",以剪贴板上选区大小建立一个 RGB 色彩模式新图像,临时图像文件名为"未标题-1"。
5. 将剪贴板上的图像粘贴到新文件窗口中,通过"图层"|"新建"|"背景图层"将夕阳图层转换成背景图层,如图 3-48(b)所示。

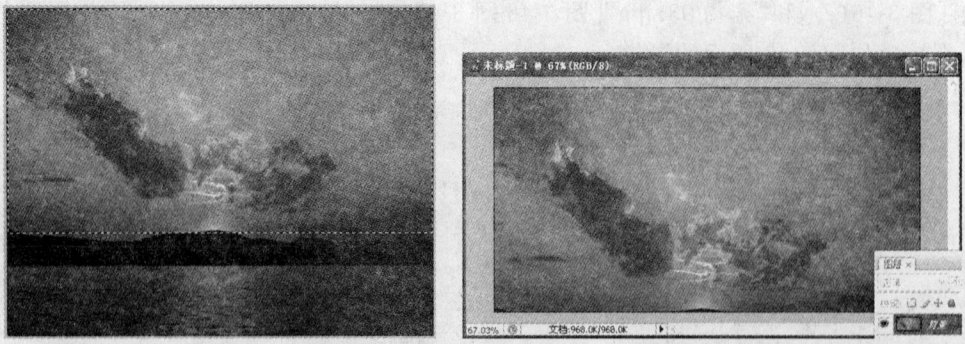

(a)　　　　　　　　(b)

图 3-48　实验十操作步骤之一

6. 进入“枯树”窗口，如图 3-49(a)所示，打开“通道”调板，只选中“蓝”通道，如图 3-49(b)所示，复制“蓝”通道，形成通道“蓝副本”如图 3-49(c)所示。

(a)　　　　　　　　(b)　　　　　　　　(c)

图 3-49　实验十操作步骤之二

7. 单击通道调板底部的“将通道作为选区载入”按钮，如图 3-50(a)所示，结果如图 3-50(b)所示。反选，单击显示“RGB”通道，隐藏“蓝副本”通道，回到图层调板，如图 3-50(c)所示。

(a)　　　　　　　　(b)　　　　　　　　(c)

图 3-50　实验十操作步骤之三

8. 复制选区到剪贴板。回到“未标题-1”窗口，粘贴剪贴板图像，如图 3-51(a)所示。

9. 进入“背篓女孩”窗口，建立女孩选区，如图 3-51(b)所示。复制选区图像到剪贴板。

(a)　　(b)

图 3-51　实验十操作步骤之四

10. 回到“未标题-1”窗口，粘贴剪贴板图像，如图 3-52(a)所示。

11. 调整女孩图像的大小和位置，如图 3-52(b)所示。

(a)　　(b)

图 3-52　实验十操作步骤之五

12. 多次通过菜单命令“图像”|“调整”|“亮度/对比度”降低女孩的亮度，必要时也可以增加一个新图层，用黑色覆盖女孩部分，再调整该图层的不透明度为 40%左右，如图 3-53(a)所示。调整完成后的总体效果如图 3-53(b)所示。

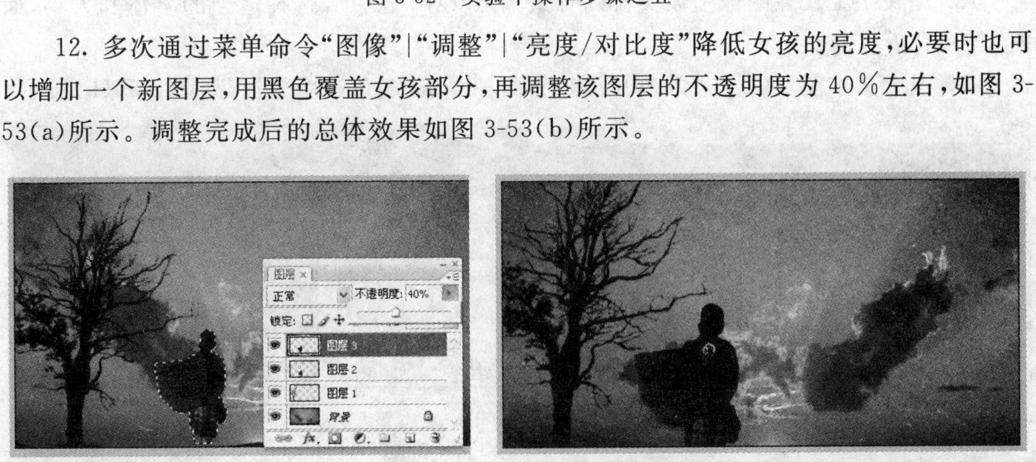

(a)　　(b)

图 3-53　实验十操作步骤之六

13. 将“人物 03”窗口中的图像全选后复制到“未标题-1”窗口，如图 3-54(a)所示。

14. 通过“编辑”|“自由变换”命令将人物头像调整到合适的大小、位置和旋转角度，如图 3-54(b)所示。

(a) (b)

图 3-54 实验十操作步骤之七

15. 在图层调板中，选中人物图层，设置图层混合模式为“滤色”，如图 3-55(a)所示。

16. 为人物图层增加图层蒙版，如图 3-55(b)所示。

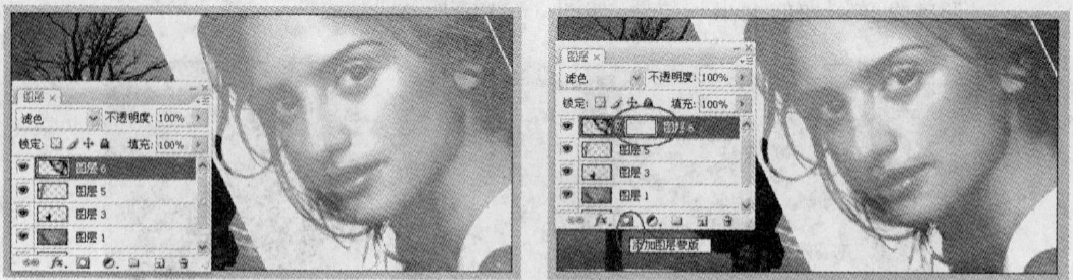

(a) (b)

图 3-55 实验十操作步骤之八

17. 用画笔以黑色在蒙版上涂抹，去掉人物头像周围多余的部分。

18. 用文字工具在图像上以竖排的方式输入文字“遐想”，选择适当的字体和大小，如图 3-56(a)所示。

19. 设置文本图层的样式，增加投影、斜面和浮雕、多色渐变叠加，如图 3-56(b)所示。

(a) (b)

图 3-56 实验十操作步骤之九

20. 图像合成结束，整体效果如图 3-47 所示，保存文件。

第 4 章 音频与视频处理实验

音频和视频处理无论在我们的日常生活中还是在网络开发的过程中，都是必备的知识和技能。在这一章中配合教材同一章的内容，我们组织了若干个实验，使读者在课堂学习的同时，有针对性地进行必要的实验和练习，更好地提高音频处理和视频处理的能力。

本章实验中要用到大量的素材，可以从网站 http://202.194.28.11/下载，下载时以来宾身份进入，在主页上找“下载中心”，然后在“Web 技术教程”中找“第 4 章实验素材”，共有四个压缩文件可供下载：[1]、[3]、[4]、[5]，分别为实验一、实验三、实验四、实验五的素材。选中其中之一后单击右键，从快捷菜单中选择“目标另存为”保存到自己的 U 盘上。它们都是 Rar 压缩文件，解压后得到一个包含了当次实验的所有实验素材的文件夹“第 4 章实验×的素材”。另外，读者在实验中也可以使用自选素材。

实验一 基本音频处理

一、预备知识

1. 音频和音频处理的基本概念，特别是音频文件的格式，以及波形文件的概念。
2. GoldWave 应用程序的功能，它的界面构成，各个组成部分的功能。
3. GoldWave 中的文件操作、打开文件和保存文件的格式。
4. 声音文件窗口的构成，波形区的划分，各种标记的作用。
5. 波形选区的建立、波形图的放大缩小、选区声音的播放等。
6. 声音编辑的基本操作内容。

二、实验目的

1. 熟悉 GoldWave 的应用程序界面，菜单、工具栏以及各种面板。
2. 熟悉各种不同的音频处理工具的使用。
3. 熟悉 GoldWave 文件操作的一般过程。
4. 熟悉 GoldWave 中音频处理的一般过程。

三、实验环境

Windows XP Professional 操作系统，GoldWave 应用程序。

四、实验内容

对于下载的音乐文件“梁祝. mp3”或者“春江花月夜. mp3”，在 GoldWave 中将它打开，从中选择你最喜欢的一些片段，把它们集中起来，形成一个长度不超过 5 分钟的音频文件。详细要求如下：

1. 各个片段之间的过渡要自然，不能给人以生硬感。

2. 剪辑的情感表达一致，特点突出。

3. 开始与结束要加入淡入和淡出效果。

4. 所形成的音频剪辑文件以占用存储空间最少的立体双声道音质保存。

五、知识要点

音频技术基本概念；GoldWave 应用程序的界面结构；波形窗口的构成；音频处理工具的使用方法；波形选区的建立、复制、移动、删除等操作；选区声音的播放。

六、实验步骤

音频处理步骤如下：

1. 启动 GoldWave，打开待处理的音频文件，为了熟悉乐曲的内容，可先完整地听一遍。

2. 新建一个空白的声音文件为目的音频文件。

3. 逐段地对要截取的音乐片段进行如下操作：

(1)建立选区，设置截取的起始点和终止点，为了保证截取的适当，可以反复播放选区音乐，修正选区位置。

(2)用 Ctrl+C 命令将选区音乐复制到剪贴板。

(3)到目的文件中，如果文件中已经有剪辑内容，回放光标定位在所有内容之后。

(4)用 Ctrl+V 命令将剪贴板上的音乐剪辑粘贴到目的文件中。

4. 剪辑截取完成后，反复试听，对其中不满意的地方进行修改。

5. 通过菜单“效果”|“音量”|“淡入”或“淡出”对音乐剪辑的头部或者尾部进行处理。

6. 选择“文件”|“另存为”，在“另存为”对话框中设置保存文件的路径和文件名，选择文件扩展名(. wav)，选择保存文件的音质。

实验二　音频综合处理

一、预备知识

1. 音频和音频处理的基本概念，特别是音频文件的格式，以及波形文件的概念。

2. GoldWave 应用程序功能的综合应用。

二、实验目的

1. 熟悉 GoldWave 的应用程序界面，菜单、工具栏以及各种面板。
2. 熟悉各种不同的音频处理工具的使用。
3. 提高综合音频处理的能力。

三、实验环境

Windows XP Professional 操作系统，GoldWave 应用程序。

四、实验内容

用 GoldWave 的录音功能录制一段自己的朗诵，然后根据故事内容自己从网上搜索与故事内容匹配的音乐，再使用 GoldWave 的声音合成功能制作出一个配乐故事的音频文件。具体要求如下：

1. 朗诵素材可以从网上获取，通过搜索引擎以关键字“朗诵素材”即可。
2. 素材内容健康，字数为 500～800 字。
3. 朗诵时必须先报出自己的姓名和学号，例如“××大学××学院（或系）××级学生×××，学号 123456789，开始朗诵。……”
4. 朗诵时语速不要过快，朗诵带有感情，情节叙述跌宕起伏。必要的位置要有适当的停顿，为背景音乐预留位置。
5. 选择的音乐与朗诵内容一致。
6. 音频合成时背景音乐与朗诵声音重叠时要适当降低背景音乐的音量，在朗诵停顿的位置将音量恢复原来的大小。
7. 整个音频的长度不超过 10 分钟。
8. 其他没有要求的自行处理。
9. 最后以.mp3 格式保存最终的作品。

五、知识要点

音频技术基本概念；GoldWave 应用程序的界面结构；波形窗口的构成；音频处理工具的使用方法；波形选区的建立、复制、移动、删除等操作；选区声音的播放；波形的修改、音量的调整、淡入淡出效果的添加。音频特效的应用；音频文件的打开与保存。

六、实验步骤

略。

实验三　视频编辑

一、预备知识

1. 视频和视频处理的基本概念，视频文件的格式，非线性编辑的概念。

2. Windows Movie Maker 的程序界面构成，视频编辑的基本过程，电影项目的基本操作，视频窗格的构成。

3. 视频编辑的一般过程，素材的导入、素材的预览、加入时间线，视频剪辑的编辑（复制、移动、裁剪、合并、删除等）。图片播放时间的设置方法。

4. 电影项目文件的操作（新建、打开与保存）。

二、实验目的

1. 熟悉 Windows Movie Maker 应用程序的界面，菜单、工具，各种不同的窗格的功能、构成、使用方法等。

2. 熟悉视频处理工具的使用。

3. 掌握视频处理的一般过程。

三、实验环境

Windows XP Professional 操作系统，按装了 Windows Movie Maker 应用程序。

四、实验内容

对于下载后解压的“第 4 章实验三的素材”进行视频编辑。

使用 Windows Movie Maker 建立一个电影项目，导入所下载的视频资源，将这些视频资源选择一部分编辑汇集成一个电影整体。在编辑的过程中，请去掉那些不适合在电影中出现的片段。

编辑完成后通过监视器窗格观察实际播放效果。最后将该项目文件保存在自己的 U 盘中。

五、知识要点

视频处理技术的基本概念；Windows Moive Maker 应用程序界面；任务窗格、收藏窗格、资源列表窗格、监视器、电影编辑区、时间线等基本组件的构成与应用；视频素材的导入；视频剪辑添加到时间线，剪辑的裁剪与合并。项目文件的保存；电影文件的保存。

六、实验步骤

参见教材。

实验四　电影制作

一、预备知识

1. 视频和视频处理的基本概念，视频文件的格式，非线性编辑的概念。

2. Windows Movie Maker 的程序界面构成，视频编辑的基本过程，电影项目的基本操作，视频窗格的构成。

3. 视频编辑的一般过程，素材的导入、素材的预览、加入时间线，视频剪辑的编辑（复制、移动、裁剪、合并、删除等）。图片播放时间的设置方法。

4. 视频效果的添加。视频效果的应用。

5. 为影片添加片头片尾、叠加字幕。

6. 保存最终电影文件的过程。

二、实验目的

1. 熟悉 Windows Movie Maker 应用程序的界面构成，以及使用方法。

2. 掌握视频处理的一般过程。

3. 掌握影片制作中片头片尾、叠加字幕、视频效果和过渡效果的应用。

三、实验环境

Windows XP Professional 操作系统，按装了 Windows Movie Maker 应用程序。

四、实验内容

对于下载后解压的"第 4 章实验四的素材"进行视频编辑。

这是一组在济南近郊红叶谷拍摄的视频剪辑，请使用 Windows Movie Maker 建立一个电影项目，导入本实验的视频资源，将这些视频资源有选择地编辑成一个电影短片。更多的要求是：

1. 增加片头字幕"游红叶谷"。

2. 影片开始后增加一段文字视频，内容是对红叶谷的简单介绍。

3. 在不同的视频镜头之间加入视频过渡效果。画面上可以适当地加入少量的叠加字幕。

4. 片尾中增加本人的姓名、学号、学校、学院（或系）、年级、班级和制作日期。

5. 导出最终的电影文件（以.wmv 为文件扩展名）。

6. 所有的资源文件、项目文件和最后的电影文件都保存在自己的 U 盘中。

五、知识要点

视频编辑的常用操作；片头的添加与编辑；片尾的添加和编辑；叠加字幕的添加；文本的格式设置；图像的添加与播放时间设置；视频效果；过渡效果。

六、实验步骤

参见教材。

实验五　电影综合制作

一、预备知识

1. 视频编辑的一般过程，素材的导入、素材的预览、加入时间线，视频剪辑的编辑（复制、移动、裁剪、合并、删除等）。图片播放时间的设置方法。

2. 视频效果的添加。视频效果的应用。

3. 为影片添加片头片尾、叠加字幕。

4. 电影中的音频处理，背景音乐的添加。

5. 保存最终电影文件的过程。

二、实验目的

1. 熟悉 Windows Movie Maker 应用程序的界面构成以及使用方法。

2. 熟悉和掌握编辑一个电影文件的全部过程，包括视频的编辑、文字字幕的添加、过渡效果的使用和背景音乐的添加等等。最后形成一个完整的电影作品。

三、实验环境

Windows XP Professional 操作系统，按装了 Windows Movie Maker 应用程序。

四、实验内容

对于下载后解压的“第 4 章实验五的素材”进行视频编辑。

这是本书作者在著名的九寨沟景区旅游时拍摄的部分视频资料，请使用 Windows Movie Maker 建立一个电影项目，导入本实验的视频资源，将这些视频资源有选择地编辑成一个电影短片。具体要求是：

1. 增加片头字幕“游九寨沟”。

2. 影片开始后增加一段文字视频，内容是对九寨沟的简单介绍（有关文字介绍已经包含在压缩的素材资料中）。

3. 在不同的视频镜头之间加入视频过渡效果。画面上可以适当地加入一些叠加字幕（到素材资料中找）。

4. 片尾中增加本人的姓名、学号、学校、学院（或系）、年级、班级和制作日期。

5. 对拍摄中所录制的背景声音（多数为噪声）予以处理或者消除，但是可以保留你认为有价值的声音（如瀑布的流水声等）。

6. 为整个影片加上背景音乐，但是如果有前景声音，则背景音乐应降低音量。背景音乐采用素材资料中包含的音频文件“background. mp3”，先在 GoldWave 下进行处理，按电影文件中所需要的长度截取，并且保存为较低音质的 Wav 格式，以缩减文件大小。

7. 导出最终的电影文件（以. wmv 为文件扩展名）。

8. 所有的资源文件、项目文件和最后的电影文件都保存在自己的 U 盘中。

五、知识要点

视频编辑的常用操作；片头的添加与编辑；片尾的添加和编辑；叠加字幕的添加；文本的格式设置；图像的添加与播放时间设置；视频效果；过渡效果；电影项目中的音频处理；添加背景音乐；电影声音的合成。

六、实验步骤

参见教材。

第5章 Flash 动画设计实验

目前在网络应用开发中 Flash 动画使用非常广泛，要学好这一部分的内容，实践是必不可少的环节。为了能使读者更好地掌握 Flash 动画设计的过程，配合教材中本章的内容，我们安排了多个相关的实验，以便于读者在学习的过程中实验练习，以加深对教学内容的理解。

本章实验中要用到少量的实验素材，可以从网站 http://202.194.28.11/下载，下载时以来宾身份进入，在主页上找“下载中心”，然后在“Web 技术教程”中找“第 5 章实验素材”，选中后单击右键，从快捷菜单中选择“目标另存为”保存到自己的 U 盘上。这是一个 Rar 压缩文件，解压后得到一个包含了本章所有实验素材的文件夹“第 5 章实验素材”。另外，读者在实验中也可以使用自选素材。

实验一 Flash 绘图

一、预备知识

1. Flash CS3 主界面的构成：初次使用 Flash，首先要做的就是熟悉 Flash 应用程序窗口的构成，以及它的结构和主要组成部分。Flash CS3 的界面是典型的 Windows 应用程序界面。它主要由以下几部分组成：菜单、工具栏、面板（即 Photoshop 中的“调板”，两个软件在一些组件称呼上没有统一，为了便于应用，我们在组件称呼上按软件本身中的称呼）、动画编辑区、舞台等。在做实验前应熟悉这些组件、它们的功能及其基本的使用方法。

2. 工具栏的构成：工具栏是使用非常频繁的组件之一。在工具栏中提供了各种绘图和图形处理工具，我们要熟悉这些工具，正确熟练地使用这些工具完成我们的绘图和图形编辑工作。

3. 舞台：是我们绘图和进行动画画面编排的主要场所。

4. 属性面板：在绘图的过程中经常需要设置图形的属性，可以通过属性面板完成。

5. 绘图工具的使用，图形的编辑过程，图形的变换处理。

二、实验目的

1. 熟悉 Flash CS3 的程序界面、菜单、工具栏以及各种面板。
2. 熟悉各种不同的绘工具的使用。
3. 熟悉 Flash 中绘图的一般过程。
4. 熟悉 Flash 中图形编辑的一般过程。

三、实验环境

Windows XP Professional 操作系统，Adobe Flash CS3 Professional。

四、实验内容

使用 Flash 的绘图工具，绘制如图 5-1 所示的图形。

(a)　(b)　(c)　(d)

图 5-1　实验一结果图片

五、知识要点

绘图工具的熟练使用(选择工具、部分选择工具、铅笔工具、钢笔工具、添加锚点工具、删除锚点工具、锚点转换工具、填充工具)；属性窗口、属性设置；曲线的绘制、锚点的调整、区域的颜色填充。

六、实验步骤

1. 图 5-1(a)的绘图步骤

(1)启动 Flash CS3 Professional，建立一个新的 Fla 文档，文档大小为 400×400 像素，以白色为背景。

(2)选择“椭圆”工具。设置椭圆属性(从“属性”面板中设置)为：边线为黑色 1 像素实线，填充颜色为黄色，然后在舞台上画出一圆(画椭圆时按住 Shift 为画圆，否则画椭圆)，如图 5-2(a)所示。

(3)在旁边先画一个以白色填充的椭圆，如图 5-2(b)所示，再按下选择工具“ ”，当鼠标指向圆的边线上时，鼠标指针变成 ，这时按住圆的上部向外拖动，逐步调整成如图 5-2(c)所示。

(4)画一黑色的椭圆，如图 5-2(d)所示；两个椭圆放到一起，形成一只眼睛，如图 5-2

(e)所示；复制一次，得到两只眼睛。将两只眼睛移到黄色的圆中，如图 5-2(f)所示。

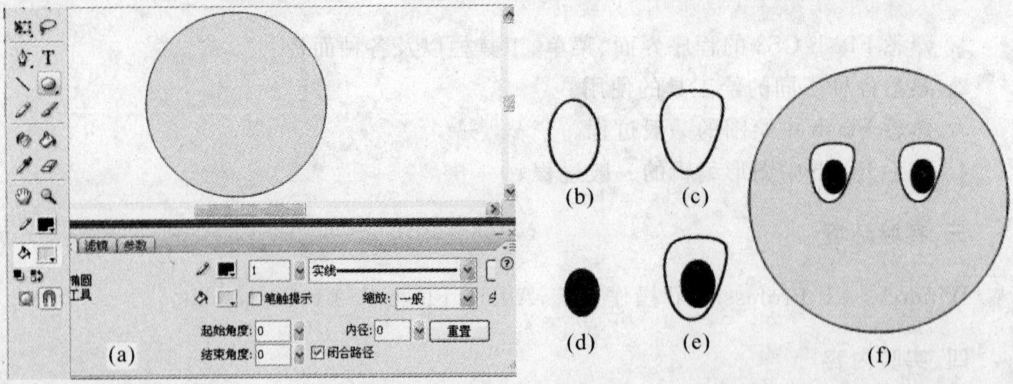

图 5-2　实验一操作步骤之一

(5)用“铅笔”工具画一线条，如图 5-3(a)所示；按下“部分选择”工具，单击线条，调整线条有曲率，必要时可以增减锚点，如图 5-3(b)所示；增大线条的粗细为 2 个像素，如图 5-3(c)所示。

(6)将线条放到圆中的适当位置，作为笑脸的嘴，如图 5-3(d)所示。

(7)绘图完成。

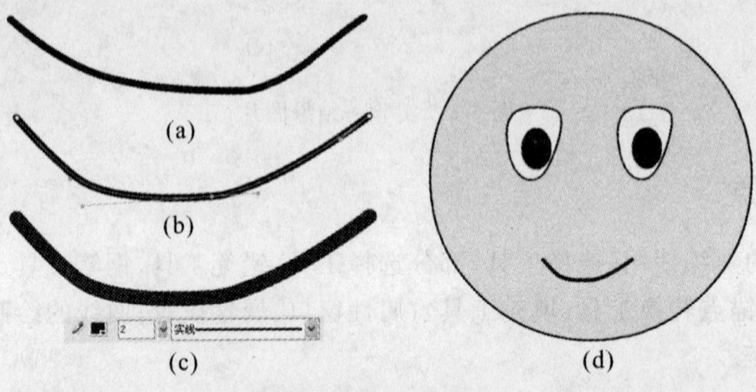

图 5-3　实验一操作步骤之二

2. 图 5-1(b)的绘图步骤

(1)启动 Flash CS3 Professional，建立一个新的 Fla 文档，文档大小为 400×400 像素，以白色为背景。为了便于对齐，通过“视图”菜单显示网格线。

(2)画一个小圆，如图 5-4(a)所示；再画一个大些的圆套在小圆之外，如图 5-4(b)所示。

(3)画一个如图 5-4(c)所示的椭圆，将该椭圆复制两次，与前面所画的圆组合，如图 5-4(d)所示。

(4)将椭圆图 5-4(d)复制一次，然后选中复制后的椭圆，用菜单命令“修改”|“变形”|“顺时针旋转 90 度”；把旋转后的图形再复制一份，将两个水平的椭圆放在小圆的两边。如图 5-4(e)所示。

(5)将图 5-4(d)中的椭圆复制一次，然后选中复制后的椭圆，用菜单命令“修改”|“变形”|“缩放和旋转”，在对话框中的“旋转”文本框中输入 45，即旋转 45°，单击“确定”；把旋转后的图形再复制一份，将两个 45°倾斜的椭圆放在小圆的两边。如图 5-4(f)所示。

(6)将图 5-4(d)中的椭圆复制一次，然后选中复制后的椭圆，用菜单命令“修改”|“变形”|“缩放和旋转”，在对话框中的“旋转”文本框中输入－45，即旋转－45°，单击“确定”；把旋转后的图形再复制一份，将两个倾斜－45°的椭圆放在小圆的两边。如图 5-4(g)所示。

到此花朵绘制完成。

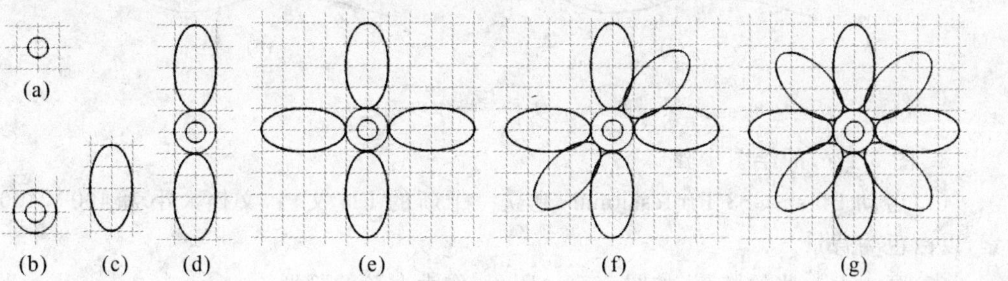

图 5-4　实验一操作步骤之三

(7)用“铅笔”工具(铅笔模式选择“平滑”)画出花梗，如图 5-5(a)所示；接着同样用铅笔画出三个花叶，如图 5-5(b)所示。

(8)按下“部分选择”工具，对花叶、花梗等的笔画进行平滑处理，如图 5-5(c)、(d)、(e)所示。

图 5-5　实验一操作步骤之四

(9)将前面画的花朵和花梗叶组合在一起，形成一个完整的图画，如图 5-6(a)所示。

(10)隐藏网格线，去掉花朵上的一些多余的线条，可以看到如图 5-6(b)所示的结果。

(a)　　　　(b)

图 5-6　实验一操作步骤之五

3. 图 5-1(c)的绘图步骤

(1)启动 Flash CS3 Professional,建立一个新的 Fla 文档,文档大小为 400×400 像素,以白色为背景。

(2)画一大一些的椭圆,如图 5-7(a)所示,作为女孩的脸形。

(3)先用平滑模式的"铅笔"工具画出头发的轮廓,使用"钢笔"、"部分选择"、"添加锚点"、"删除锚点"和"转换锚点"等工具进行修理成如图 5-7(b)所示的样子;再将图 5-7(a)、图 5-7(b)两个图形组合在一起,如图 5-7(c)所示。

(4)画眼睛的小圆,如图 5-7(d)所示。再画一更小些的圆(将作为眼睛的黑色部分),如图 5-7(e)所示。

(a)　　(b)　　(c)　　(d)　　(e)

图 5-7　实验一操作步骤之六

(5)放大舞台的显示比例,对图 5-7(e)所示的圆进行编辑,在圆的左侧添加两个锚点,如图 5-8(a)所示。按下"部分选择"工具,将圆上最左侧的锚点向里拖动,如图 5-8(b)所示。用"锚点转换"工具将切口与圆相交处的锚点转换成折点,如图 5-8(c)所示。

(6)缩小显示比例,画一个更小的圆(将作为眼睛上的白色光点),如图 5-8(d)所示。将小圆移到有缺口的圆中,如图 5-8(e)所示。

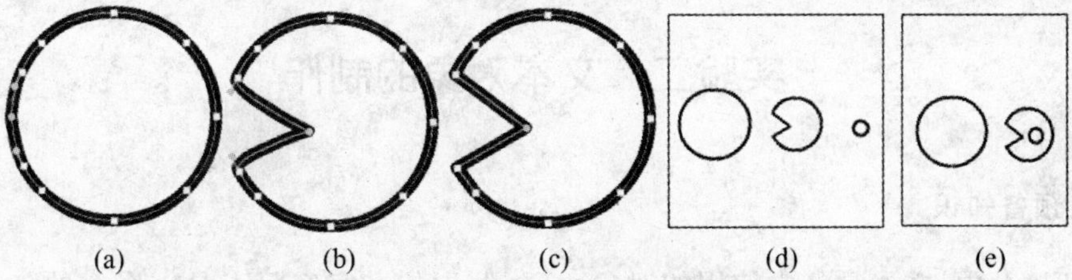

图 5-8　实验一操作步骤之七

(7)再将形成的圆放到大些的圆中，形成眼睛，如图 5-9(a)所示。

(8)在眼睛的上方画出一弧线作为眼眉，线宽为 3 个像素，如图 5-9(b)所示。

(9)将图 5-9(b)再复制一份，两个眼睛放到头像的合适部位，结果如图 5-9(c)所示。

(10)画一条作为鼻子的弧线，如图 5-9(d)所示。

(11)画两个相叠放的圆和椭圆，如图 5-9(e)所示；使用“选择”工具，选中两个弧线，如图 5-9(f)所示；按 del 键删除两弧线，得“嘴”的图形，如图 5-9(g)所示；再在嘴角处加两个线条，“嘴”画成，如图 5-9(h)所示。

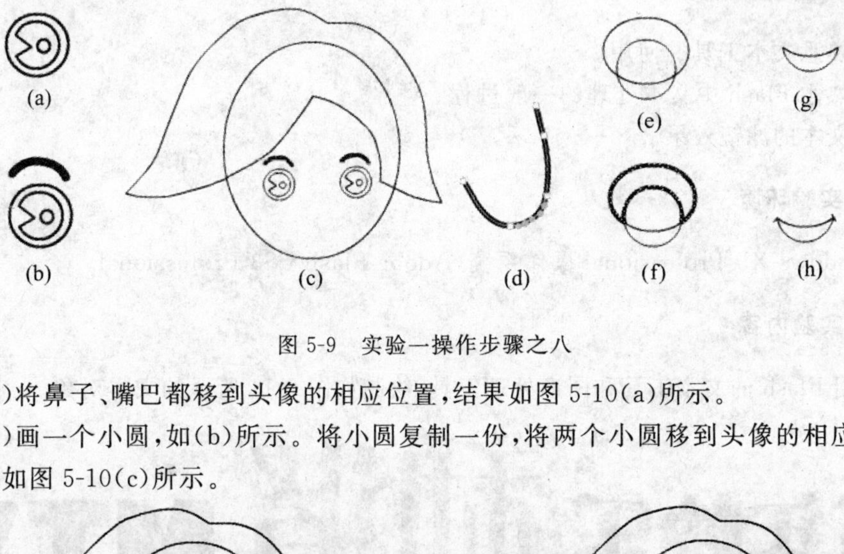

图 5-9　实验一操作步骤之八

(12)将鼻子、嘴巴都移到头像的相应位置，结果如图 5-10(a)所示。

(13)画一个小圆，如(b)所示。将小圆复制一份，将两个小圆移到头像的相应位置作为耳朵，如图 5-10(c)所示。

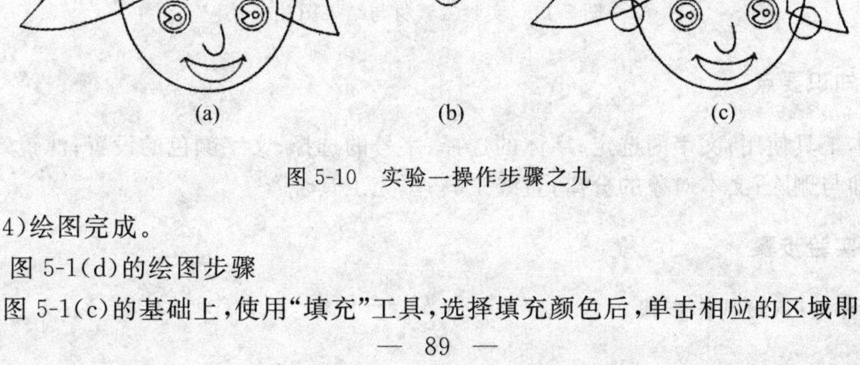

图 5-10　实验一操作步骤之九

(14)绘图完成。

4. 图 5-1(d)的绘图步骤

在图 5-1(c)的基础上，使用“填充”工具，选择填充颜色后，单击相应的区域即可。

实验二　文本对象的制作

一、预备知识

在 Flash 中，文本是经常使用的对象。Flash 中的文字实际上是一个个的矢量图形，我们完全可以随意地对它们进行拆分、重组，也可以与其他对象（如图形对象）组合使用。在本次实验中，就是练习文字对象的处理过程，所涉及的知识与技能如下：

1. “文本”工具的使用方法。
2. 输入文本的方法。
3. 文本格式的设置。
4. 文本分离与组合。
5. 文本的滤镜效果。

二、实验目的

1. 熟悉文本工具的使用。
2. 熟悉 Flash 中文本处理的一般过程。
3. 文本的滤镜效果。

三、实验环境

Windows XP Professional 操作系统，Adobe Flash CS3 Professional。

四、实验内容

使用 Flash 的文本工具和图形处理工具，绘制如图 5-11 所示的文本对象。

(a) 投影文字　　(b) 渐变斜角文字　　(c) 立体文字

图 5-11　实验二素材与结果图片

五、知识要点

文本工具使用；文字的选定；字体的选择、字号的选择；文字颜色的设置；滤镜效果；滤镜的添加与删除；文本对象的分离；直线工具；填充工具。

六、实验步骤

1. 图 5-11(a)制作步骤

(1)启动 Flash CS3 Professional，建立一个新的 Fla 文档，文档大小为 400×100 像素，以白色为背景。

(2)按下“文本”工具，单击舞台，启动汉字输入法，输入文本“新年快乐”。

(3)通过文本“属性”面板，设置字体(可根据本地机安装的字库选择)，适当大小的字号，设置适当的字体颜色。

(4)单击与“属性”面板排在一起的“滤镜”面板标签，打开“滤镜“面板，单击“添加”按钮，选择“投影”。

(5)在投影“属性”面板中设置设置阴影的大小、角度、颜色等属性。

(6)制作完成。

2. 图 5-11(b)制作步骤

(1)启动 Flash CS3 Professional，建立一个新的 Fla 文档，文档大小为 400×100 像素，以草绿色为背景。

(2)按下“文本”工具，单击舞台，启动汉字输入法，输入文本“和谐”。

(3)通过文本“属性”面板，设置字体(可根据本地机安装的字库选择)，适当大小的字号，设置适当的字体颜色。

(4)单击与“属性”面板排在一起的“滤镜”面板标签，打开“滤镜“面板，单击“添加”按钮，选择“渐变斜角”。

(5)在渐变斜角“属性”面板中设置渐变的颜色等属性。

(6)制作完成。

3. 图 5-11(c)制作步骤

(1)启动 Flash CS3 Professional，建立一个新的 Fla 文档，文档大小为 400×100 像素，以白色为背景。

(2)按下“文本”工具，单击舞台，启动汉字输入法，输入文本“MTV”。

(3)通过文本“属性”面板，设置字体为“Arial Black”，适当大小 96 像素，设置字体颜色为红色，如图 5-12(a)所示。

(4)单击“选择”工具，选中文本对象。

(5)将文字对象再复制一份，其中的一个文本对象设置为深红色(＃CC0000)，如图 5-12(b)所示。

(a)

(b)

图 5-12 实验二操作步骤之一

(6)通过“修改”、“分离”命令将两个文字对象都打散。调整各个文字的位置与前后如图 5-13(a)所示。

(7)通过“选择”工具，选中所有的文字对象，如图 5-13(b)所示。

(8)再一次通过菜单命令"修改"|"分离"将所有的文字对象打散,结果如图 5-13(c)所示。

图 5-13　实验二操作步骤之二

(9)放大显示比例,用黑色直线连接上下两个层文字的顶点,如图 5-14(a)所示。

(10)文字的上部侧面用深红色(#CC0000)填充,文字的右侧面用暗红色(#660000)填充,结果如图 5-14(b)所示。

图 5-14　实验二操作步骤之三

(11)按下"选择"工具,选择文字上的黑色直线条,按 Delete 键删除,重复此过程删除所有的黑色线条。得到如所图 5-11(c)所示的立体文字。

(12)立体字制作结束。

实验三　简单动画制作

一、预备知识

1. 图形的绘制。
2. 时间轴、帧、关键帧、空白帧、补间帧等基本概念。
2. 动画编辑,帧的复制、删除、移动、创建关键帧等帧操作命令。
3. 补间动画的创建。
4. 动画的测试。

二、实验目的

通过本次实验熟悉创建动画的一般制作过程,进一步加深对 Flash 中动画设计中基本概念的理解,为制作更复杂的动画奠定基础。

三、实验环境

Windows XP Professional 操作系统，Adobe Flash CS3 Professional。

四、实验内容

在 Flash 下制作一个红心图形，动画演示时，该红心不停地跳动。

五、知识要点

曲线编制；曲线的编辑与调整；双色过渡的填充；时间轴、帧、关键帧、补间帧的概念；帧的复制与粘贴；补间动画的创建与删除；影片测试。

六、实验步骤

1. 启动 Flash CS3 Professional，建立一个新的 Fla 文档，文档大小为 300×300 像素，以白色为背景。

2. 用“铅笔”工具以平滑模式画一个“心”的草图，如图 5-15(a)所示。

3. 用“部分选择”工具、“钢笔”工具等调整“心”的形状到满意为止，如图 5-15(b)所示。调整结束后的“心”形如图 5-15(c)所示。

4. 选择“红色明暗过渡”的填充效果，如图 5-15(d)所示。

5. 填充“心”形区域。所有以上工作都是在时间轴的第 1 帧(关键帧)上完成的，如图 5-15(e)所示。下面进行在时间轴上的编辑工作。

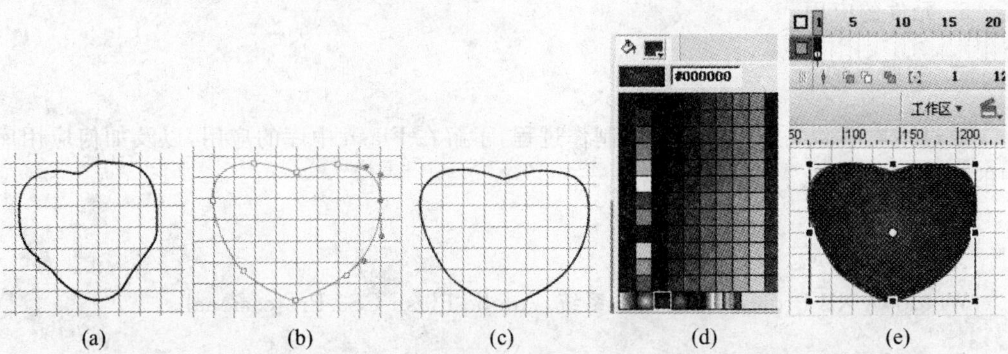

图 5-15　实验三操作步骤之一

6. 在时间轴上，以第 1 帧为当前帧，单击右键，从快捷菜单中选择“创建补间动画”。

7. 在时间轴上，选中第 1 帧，从其快捷菜单中选择“复制帧”，然后再粘贴到第 5 帧和第 10 帧，结果在时间轴如图 5-16(a)所示。

8. 选中第 5 帧，回到舞台上，将“红心”图形缩小，如图 5-16(b)所示。动画设置结束。

9. 选择菜单“控制”|“测试影片”，打开动画的测试窗口，可以看到动画的演示效果，如图 5-16(c)所示。

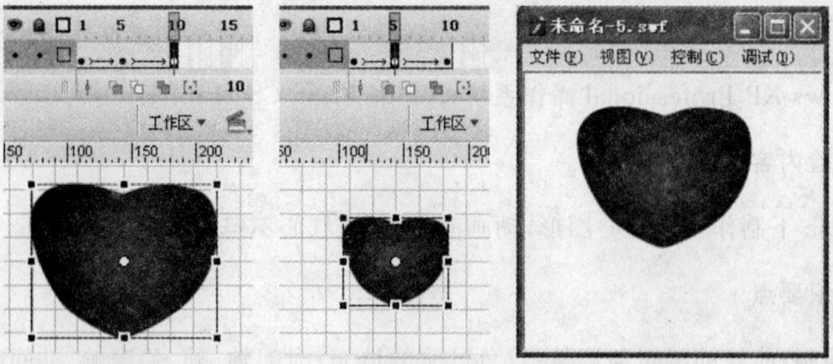

(a) (b) (c)

图 5-16 实验三操作步骤之二

实验四 元件以及库的应用

一、预备知识

1. 图形的绘制。
2. 简单的动画编辑。
3. 元件的创建与编辑。
4. 库的常用操作。
5. 元件的应用。

二、实验目的

通过本次实验熟悉元件的一般制作过程，了解在 Flash 中库的应用，以及如何应用库中的元件创建对象。

三、实验环境

Windows XP Professional 操作系统，Adobe Flash CS3 Professional。

四、实验内容

在 Flash 下制作一个动画元件，其内容是一个不断跳动的红心。然后建立一个 Flash 动画，舞台的左右两边各有一个小狗，右侧小狗反复抛出一颗跳动着的红心，经过一段时间的飞行后，落在了左侧小狗的心中。

实验素材两只小狗图片（gou01. gif 和 gou02. gif）可以从所下载的“第 5 章实验素材”文件夹中找到。

五、知识要点

元件的概念；元件的类型；元件的建立；外部资源导入到库；库的概念；库的操作；库项

目的管理；元件的应用。

六、实验步骤

1. 启动 Flash CS3 Professional，建立一个新的 Fla 文档，文档大小为 600×250 像素，以白色为背景。

2. 导入两个素材图片“gou01. gif”和“gou02. gif”到库中备用。

3. 建立新元件。选择菜单“插入”|“新建元件”，打开“新建元件”对话框，输入元件名为“心”，元件类型为“图形”，单击“确定”按钮。

4. 舞台改变为元件编辑区，如图 5-17(a)所示。红心图形在上一次实验中已经做过练习，不再重复。

5. 建立“心跳”元件。选择菜单“插入”|“新建元件”，打开“新建元件”对话框，输入元件名为“心跳”，元件类型为“影片剪辑”，舞台和时间轴都进入元件编辑状态。

6. 编辑动画元件的方法与上一实验中建立动画的方法完全一样，不再重复，如图 5-17(b)所示。

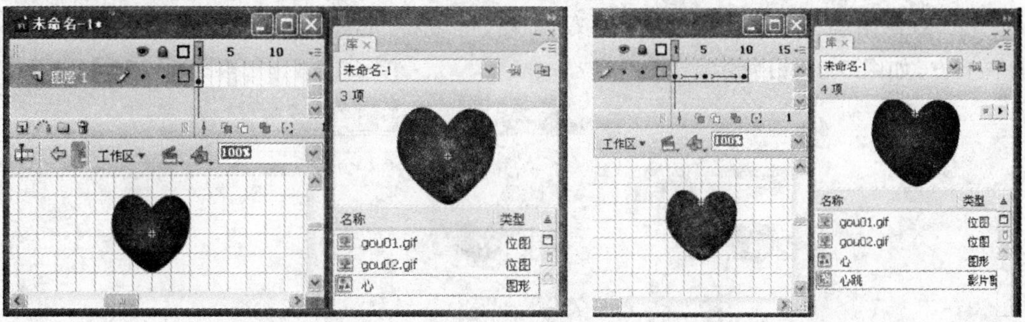

(a)　　(b)

图 5-17　实验四操作步骤之一

下面进行动画场景的编辑。

7. 在舞台上将库中的两个图片资源拖放到舞台上，放到如图 5-18 所示的位置。

8. 单击“插入新图层”按钮(图 5-18 中用椭圆标出的位置)，在时间轴上插入一个新图层，选择新图层的第 1 个关键帧。

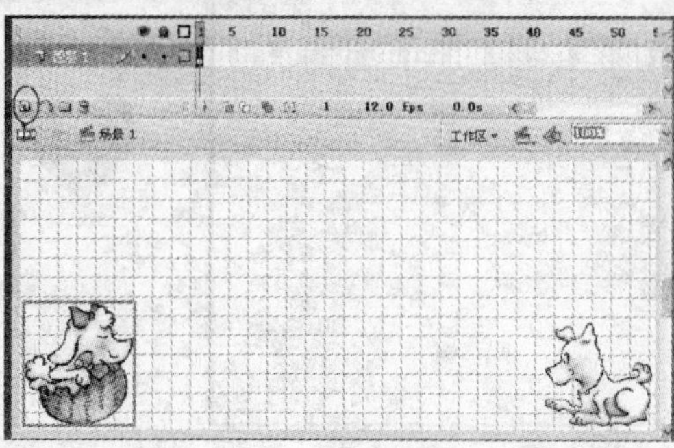

图 5-18　实验四操作步骤之二

9. 将库里元件列表中的“心跳”元件拖放到舞台上，如图 5-19 所示。

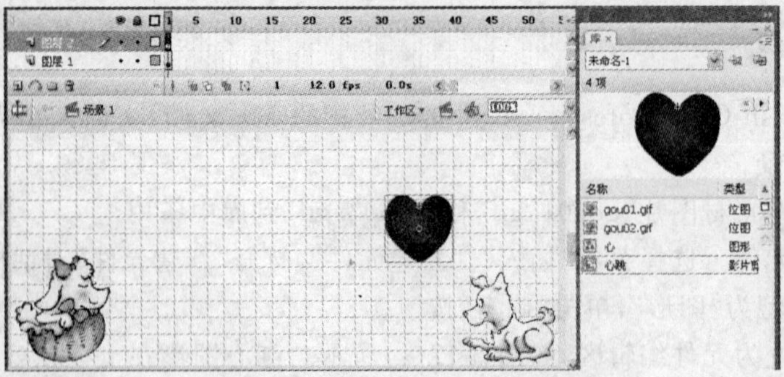

图 5-19 实验四操作步骤之三

10. 选中图层 2 的第 1 帧，通过快捷菜单选择创建补间动画。

11. 将“心跳”对象缩小到很小，移到右侧小狗身上，如图 5-20(a)所示。

11. 复制第 1 帧，粘贴到第 7 帧；在第 7 帧上将“心跳”对象移到小狗的左上位置，放大该对象，如图 5-20 所示。

12. 复制图层 2 的第 7 帧，粘贴到第 44 帧，然后将“心跳”对象水平移动到左侧小狗的右上方，如图 5-20(c)所示。

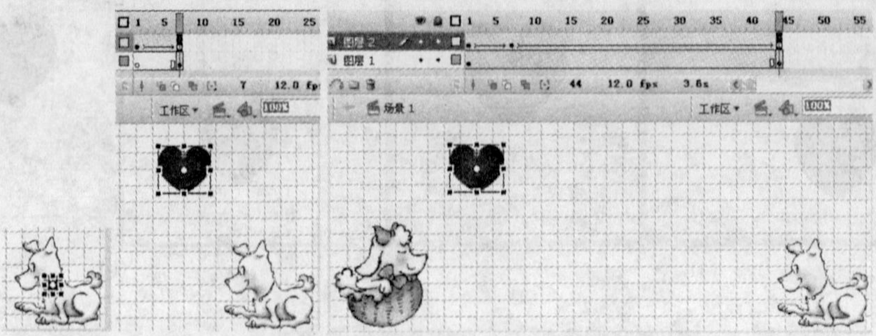

(a) (b) (c)

图 5-20 实验四操作步骤之四

13. 在图层的时间轴上，复制第 44 帧，粘贴到到第 50 帧，然后将舞台上的“心跳”对象移动到左侧小狗的身上，并且缩小到很小，如图 5-21 所示。

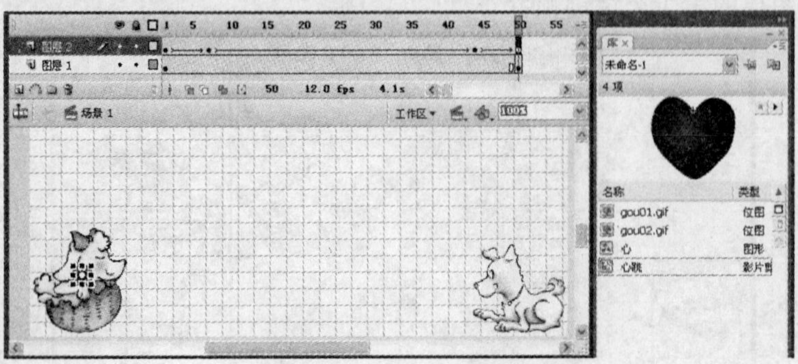

图 5-21 实验四操作步骤之五

14. 制作完成，选择菜单“控制”|“测试影片”，打开“测试影片”窗口，可以看到动画的实际效果，如 5-22 所示。

图 5-22　实验四操作步骤之六

实验五　图层及元件应用

一、预备知识

本次实验主要应用到以下知识：

1. 图层的概念，图层的基本操作（新建、删除、调序、显示/隐藏等），如何在图层上加入和控制对象，如何设计不同图层的动画。

2. 资源文件的导入。我们在动画设计之前往往要收集和整理一些资源文件，这些资源我们可以事先导入到当前文件的库中保存。

3. 库的常用操作。

4. 元件的建立和应用。

5. 动画设计的一般过程。

二、实验目的

通过本次实验熟悉图层的应用，元件和库的应用，动画设置的方法与过程。

三、实验环境

Windows XP Professional 操作系统，Adobe Flash CS3 Professional。

四、实验内容

在 Flash 下制作一个动画元件，其内容是一辆在公路上平稳奔跑的汽车，在车轮飞速转动的同时，路边的景物也快速地从身边闪过。从左侧进入“谨慎驾驶　一路平安”八个字，稍作停留后从右侧飞出。

实验素材可以从所下载的“第 5 章实验素材”文件夹中找到。

五、知识要点

动画的建立;帧的复制与粘贴;补间动画的创建与删除;图层的概念;图层的插入;图层的调序;图层的显示与隐藏;不同图层上的动画设计;库的概念;库资源的导入;库的管理;元件的创建;元件的应用;文本动画;滤镜的应用;影片的测试。

六、实验步骤

1. 启动 Flash CS3 Professional,建立一个新的 Fla 文档,文档大小为 600×221 像素,以白色为背景。

2. 导入资源文件。本次实验共有三个资源文件,即作为背景的风景图片(lu01. gif)、汽车图片(qiche. gif)和车轮图片(lun01. gif)。导入的方法是选择"文件"|"导入"|"导入到库…",在对话框中选择要导入文件的路径和文件名(注:一次可同时导入多个文件)。

3. 建立"车轮"动画元件。选择菜单"插入"|"新建元件",在对话框中输入元件名"车轮",选择元件类型"影片剪辑",单击"确定"后进入"车轮"元件的编辑状态。

4. 在时间轴上选中第 1 帧,打开"库"面板,将位图资源"lun01. gif"拖放到舞台上,如图 5-23(a)所示。

5. 舞台上的"十"字位置为元件的中心位置,将车轮与"十"字符号对齐,如图 5-23(b)所示。

6. 转到时间轴上,鼠标指针指向第 1 帧,从快捷菜单中选择"创建补间动画",如图 5-23(c)所示。

7. 复制第 1 帧,将它粘贴到第 4 帧上,如图 5-23(d)所示。

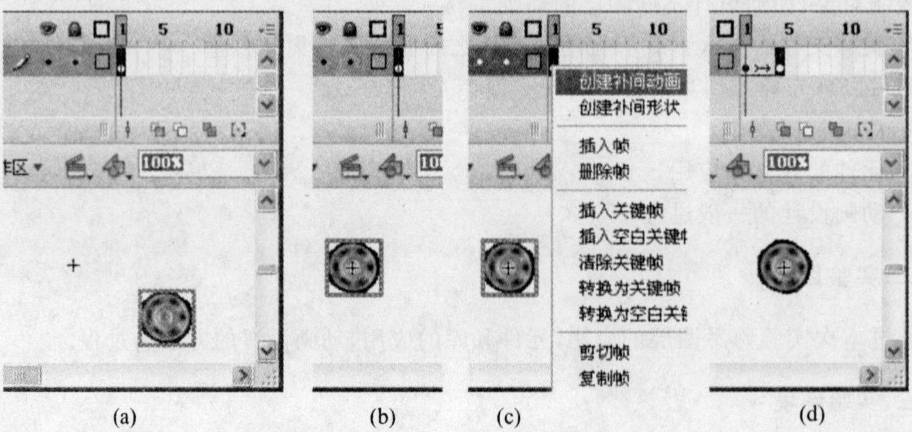

(a) (b) (c) (d)

图 5-23 实验五操作步骤之一

8. 选中第 4 帧,到舞台上选中"车轮"对象,选择菜单"修改"|"变形"|"缩放和旋转",打开"缩放与旋转"对话框,输入"缩放"为 100%,"旋转"为 270 度。单击"确定"按钮。"车轮"元件制作完成。

9. 创建"汽车"元件。选择菜单"插入"|"新建元件",在对话框中输入元件名"汽车",选择元件类型为"影片剪辑",单击"确定"后进入元件编辑状态。

10. 在时间轴上选中第 1 帧。从“库”面板中向舞台上拖入资源文件“qiche.gif”，放到舞台中心位置，如图 5-24(a)所示。

11. 从“库”面板中两次向舞台上拖入元件“车轮”，如图 5-24(b)所示。

12. 将两个“车轮”对象与汽车原有的轮子相重叠，如图 5-24(c)所示。“汽车”元件制作完成。

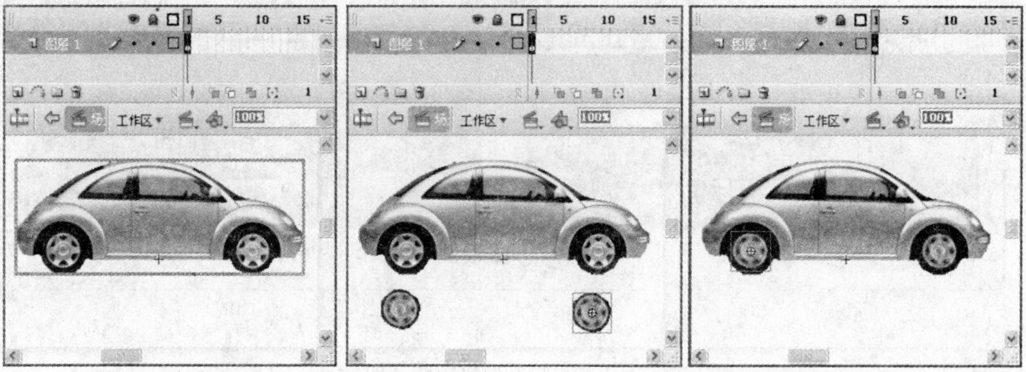

(a)　　(b)　　(c)

图 5-24　实验五操作步骤之二

13. 单击舞台上方的“场景 1”，退出元件编辑，进入动画编辑状态。

14. 将“图层 1”更名为“路景”，选中第 1 帧，将资源文件 lu01.gif 拖放到舞台，由于图片宽度(1200 像素)是舞台宽度(600 像素)的 2 倍，所以图片只与舞台的可视区域(白色背景区)的左边界对齐即可，如图 5-25(a)所示。

15. 选中“路景”图层的第 1 帧，从它的快捷菜单中选择“创建补间动画”。

16. 复制第一帧，粘贴到第 90 帧的位置，如图 5-25(b)所示。

17. 回到舞台，选中图片对象，水平向左移动，移到图片的右边界与舞台可视区的右边界对齐，如图 5-25(c)所示。

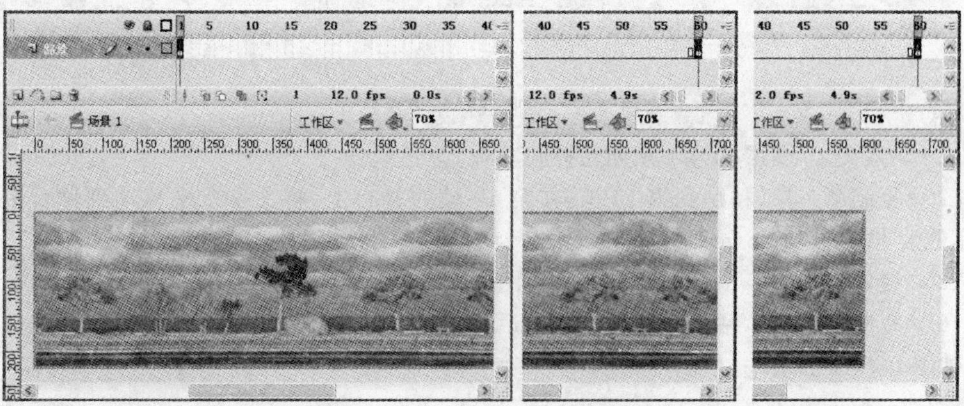

(a)　　(b)　　(c)

图 5-25　实验五操作步骤之三

18. 单击“插入图层按钮”,新建图层更名为“车”,选中该图层的第 1 帧。

19. 从“库”向舞台上拖入元件“汽车”,放到舞台的适当位置,如图 5-26(a)所示。

20. 复制“车”图层的第 1 帧到第 60 帧,如图 5-26(b)所示。“车”图层设计完成。

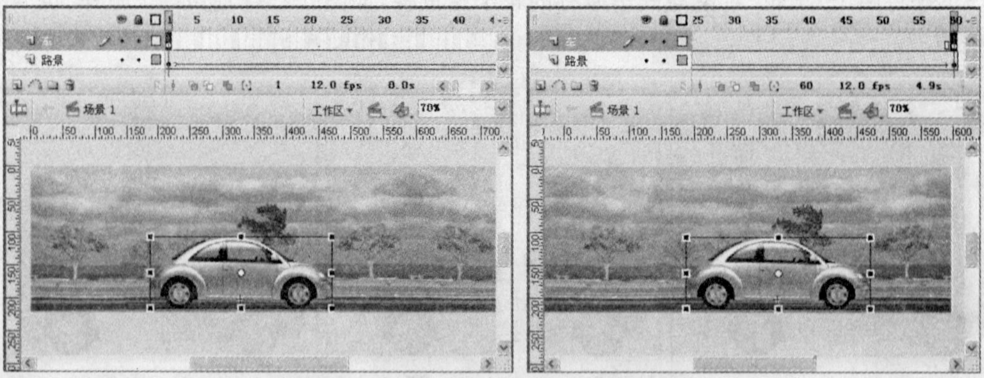

(a)　　(b)

图 5-26　实验五操作步骤之四

21. 在最顶部新插入一个图层,命名图层为“文字”,按下“文本”工具,单击舞台区,输入文本“谨慎驾驶 一路平安”,设置为红色黑体文字,大小为 36,如图 5-27(a)所示。

22. 为文字加入“投影”滤镜效果,如图 5-27(b)所示。

23. 在第 1 帧上,将文字移到舞台左侧,可视区之外,如图 5-27(c)所示。

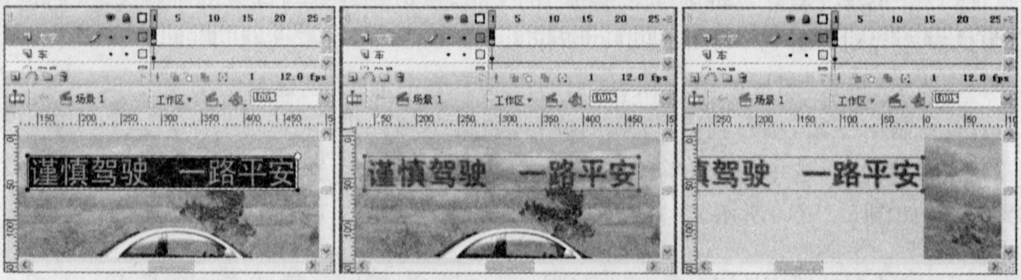

(a)　　(b)　　(c)

图 5-27　实验五操作步骤之五

24. 为“文字”图层的第 1 帧创建补间动画。

25. 复制第 1 帧,粘贴到第 10 帧,在第 10 帧的舞台上,将文字水平移动到舞台中部汽车的上方,如图 5-28(a)所示。

26. 复制第 10 帧,粘贴到第 51 帧,如图 5-28(b)所示。

27. 复制第 51 帧,粘贴到第 60 帧,然后将第 60 帧的文字对象平移到舞台可视区右侧,如图 5-28(c)所示。

(a)　　(b)　　(c)

图 5-28　实验五操作步骤之六

28. 选中“文字”图层的第 10 帧，从快捷菜单中选择“删除补间”。

29. 动画制作完成，选择菜单“控制”|“测试影片”，打开“测试影片”窗口，可以看到如图 5-29 所示的 Flash 动画。

图 5-29　实验五操作步骤之七

第6章 客户端开发实验

网页不仅仅是由 HTML 标记构成的，通常还包含脚本程序，脚本程序增加了页面的交互和计算能力，使网页更生动、功能更强大。脚本程序分成客户端脚本程序和服务端脚本程序两种，客户端脚本程序在浏览器中执行，服务端脚本程序在 Web 服务器上执行。

和传统的程序不同，客户端脚本程序在浏览器中解释执行，不需要编译和链接。从本质上讲，Web 浏览器有两个功能：首先是 HTML/XML 规范的阅读器，其次浏览器有内置脚本引擎，即脚本程序解释机。当浏览器打开一个网页时，遇到脚本程序将执行其中的程序代码。脚本程序通常完成页面的动态效果，用户输入数据的有效性验证，以及其他的一些业务逻辑，从而减少 Web 服务器的计算负载。

实验一 在网页中编写 JavaScript 脚本程序

一、预备知识

在 THML 规范中，脚本程序是通过< script ></script >标记对来标记的。所有的客户端脚本程序，都需要书写在< script ></script >标记对内。脚本程序可以出现在 HTML 文档的头部(< head ></head >)，也可以出现在文档体(< body ></body >)中。

对于 JavaScript 脚本程序，和传统的程序设计类似，除了基本语法外，还有一些标准函数和(类)库。标准函数和标准(类)库，有语言本身的，也有浏览器内置对象，可以增加用户的编程能力。当浏览器打开一个 HTML 文档时，浏览器将在内存中创建一个 HTML 文档对象树，其中的每一个标记都对应了树中的一个节点，通过标记的 name 属性或 id 属性可以用脚本程序进行访问，从而实现对页面的操作。

二、实验目的

1. 学习在 HTML 文档中 JavaScript 脚本程序的编写和调试方法。
2. 学习通过脚本程序在页面中输出内容的方法。

三、实验环境

1. Windows 计算机，任意的文本编辑器或 FrontPage 工具。

2. Web 浏览器，例如 IE、遨游（Maxthon）、Firefox 等。

四、实验内容

1. 创建一个 HTML 文件 exe6-01. htm。

2. 编写一段脚本程序，在网页中显示一段文字"Hello，JavaScript"，要求文字为宋体，18pt，蓝色，居中显示。

五、知识要点

本实验涉及的知识点和技能点有：HTML 文档中的脚本程序标记< script ></ script >，编写脚本程序，使用浏览器内置对象 document 输出。

六、实验步骤

为提高效率，我们使用 FrontPage 网页制作工具，来编写我们的脚本程序。

1. 新建 exe6-01. htm 文档

（1）执行 FrontPage 程序，在"文件"菜单中，执行"打开网站…"命令，选择 D:\mybook 文件夹打开（参见第 2 章实验一），在文件夹列表中，右单击根，新建一个子文件夹，命名为 ch06，作为本章网页文件的文件夹。

（2）在 ch06 文件夹上，右单击，执行"新建"，"空白网页"命令，新建一个网页文件，命名为 exa6-01. htm，在文件夹列表中，增加一个节点 exa6-01. htm。

（3）在文件夹列表中，双击 exa6-01. htm，打开该网页，显示一个空白 HTML 文档，如图 6-1 所示。

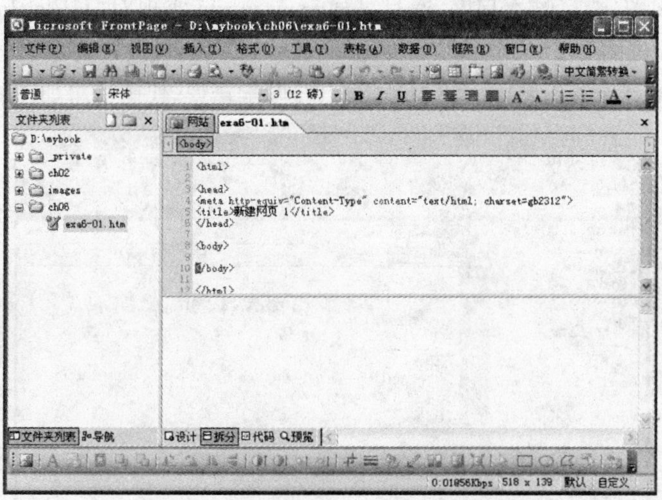

图 6-1　新建网页 HTML 文档内容框架

FrontPage 自动生成了一个网页的基本 HTML 代码框架，接下来，用户即可在设计视图或拆分视图来设计网页，或者在代码视图直接编辑 HTML 代码了。

2. 编写脚本程序

根据实验内容要求，我们需要在< body ></body >内编写一段脚本程。程序非常简单，只是需要使用浏览器的内置对象 document 来进行输出，利用 document 对象包含的 write 方法，可以输出一段文本内容。

(1)因为要输出的内容需要特殊显示，这种特殊的显示效果可以用 HTML 标记实现。因此在 FrontPage 中，可以先输入文本，格式化为特定的效果，生成对应的 HTML 代码，结果如图 6-2 所示。

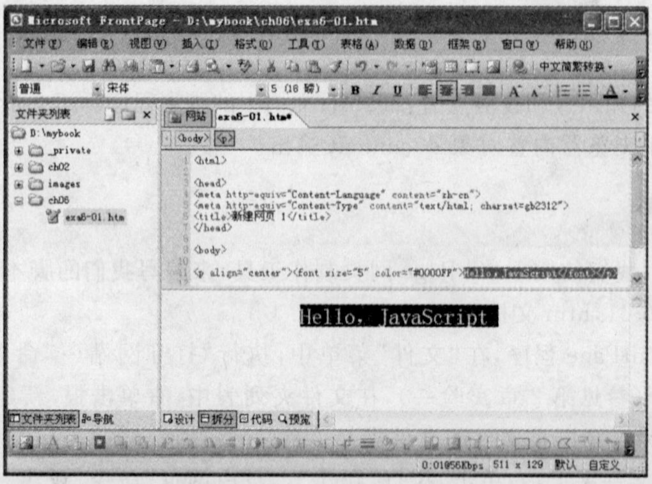

图 6-2　得到格式化文本输出的 HTML 代码

从图 6-2 可见，当我们输入“Hello，JavaScript”，进行文本格式化后，FrontPage 自动生成了对应的 HTML 代码。复制这段代码，即得到 document. write 要输出的字符串。

(2)在代码视图，编写脚本程序，通过 document. write 实现对“Hello，JavaScript”的格式化输出。注意，原先的 HTML 格式串中的所有双引号字符(")应改为单引号字符(')，以避免和 document. write("字符串")中的双引号字符(")匹配错误，代码清单如图 6-3 所示。

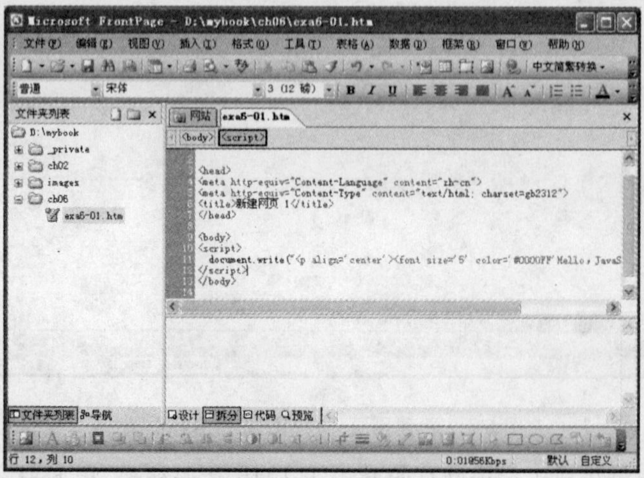

图 6-3　网页中的 JavaScript 脚本程序

书写完毕后，单击“保存”按钮，保存该文件。

3. JavaScript 脚本程序的执行

双击上述网页文件 exa6-01. htm，该 HTML 文档将在浏览器中打开，如图 6-4 所示。

图 6-4　网页中 JavaScript 脚本程序执行结果

上述过程演示了最简单的 HTML 文档脚本编程过程，通过复杂的脚本程序，可以实现 HTML 文档的复杂操作。

关键代码：

```
<script language="JavaScript">
  document.write("<p align='center'><font size='5' color='#0000FF'>Hello,JavaScript</font></p>");
</script>
```

实验二　分支程序设计

一、预备知识

在所有的程序设计语言中，都包含程序的流程控制语句，这包括：顺序语句，分支语句和重复语句。这就构成了程序的三种基本结构，即顺序结构，分支结构和重复结构。这三种结构是通过三种语句来实现的，不同的程序设计语言，都包含着三类语句。

1. 分支语句

(1)简单分支语句

语法格式：

```
if (<条件表达式>)
  <语句>;
```

当条件表达式为 true 时执行语句，否则跳过语句。

(2)if...else 分支语句

语法格式：

```
if (<条件表达式>) <语句 1> else <语句 2>;
```

当条件表达式为 true 时执行语句 1，否则执行语句 2。

(3)switch 语句

语法格式：

```
switch (<数值表达式或字符串表达式>)
{
    case <表达式 1>：
        <语句 1>
        [break;]
    case <表达式 2>：
        <语句 2>
        [break;]
    ……
    case <表达式 n>：
        <语句 n>
        [break;]
    default：
        <语句 n+1>
}
```

当“数值表达式或字符串表达式”的值与“表达式 i”相匹配时，执行相应的语句块，如果有 break，则执行完后直接退出 switch 语句，否则接着进行下面的匹配。

2. 网页中的数据输入方法

数据输入通常采用表单形式，由于本实验的目的是学习 JavaScript 语句，为简单起见，我们使用浏览器内置对象 window 的 prompt 方法读取数据，一般形式是：

```
<变量>=prompt("提示信息" [,<默认值>])
```

执行该语句时，将弹出一个信息输入框，用户输入数据后点击“确定”按钮，返回输入的数据，然后可将数据保存到指定的变量中。

3. 数据类型转换

通过 window. prompt 得到的数据输入为字符串类型的数据，如果想得到数值类型的数据，应通过强制类型转换转换成其他类型。JavaScript 脚本语言提供了类型转换的标准函数 parseInt( )和 pareFloat( )，可以将字符串转换成整型数或浮点数。

二、实验目的

1. 学习在分支语句的编程。
2. 学习简单的数据输入方法。
3. 学习通过转换函数进行数据类型转换。

三、实验环境

1. Windows 计算机，任意的文本编辑器或 FrontPage 工具。
2. Web 浏览器，例如 IE、遨游(Maxthon)、Firefox 等。

四、实验内容

1. 在 D:\mybook\ch06 文件夹中，创建 HTML 文档 exa6-02.htm。

2. 编写一段脚本程序，输入一个数，如果能被 2 整除，在页面上输出该数，并输出“偶数”，文字红色显示。否则输出“奇数”，蓝色显示。

五、知识要点

本实验涉及的知识点和技能点有：分支语句，JavaScript 类型转换函数，window.prompt 方法，document.write 方法。

六、实验步骤

1. 新建文件 exa6-02.htm

利用 FrontPage 工具，在 D:\mybook\ch06 文件夹中新建网页文件 exa6-02.htm。

2. 编辑脚本程序

参考代码：

```
<script>
  var str="";
  num=parseInt(prompt("请输入一个正整数:","")); //输入数据
  if (num % 2==0)
    str=num+":"+"<font color='#00FF00' size='4' face='宋体'>"+"偶数"+"</font>";
  else
    str=num+":"+"<font color='#0000FF' size='4' face='宋体'>"+"奇数"+"</font>";
  document.write(str);
</script>
```

运行结果如图 6-5 所示。

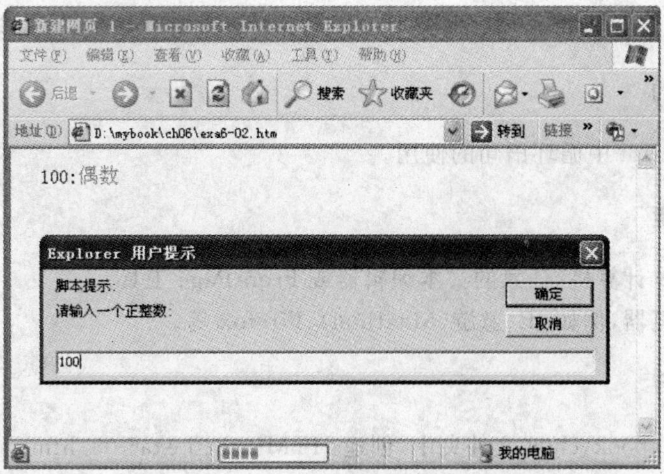

图 6-5　分支语句程序运行结果示例

说明:上述代码使用了简单的 if 分支语句,使用了 JavaScript 的标准函数,字符串运算以及浏览器内置对象 window 和 document,教材中有这些内容的详细介绍。

实验三　循环程序设计

一、预备知识

循环是程序设计中常用的语句,几乎所有的程序设计语言都包含 while 和 for 形式的重复语句。

1. while 循环语句

语法格式:

```
while (条件表格式)
    <语句>;
```

在 while 语句中"语句"部分称为循环体,如果需要多个语句来实现,应使用"{"和"}"构成语句块,即逻辑上的一个语句。

2. for 循环语句

语法格式:

```
for (<表达式 1>; <表达式 2>; <表达式 3>)
    <语句>;
```

在三个表达式中,每个表达式不是必需的,可以省略一个或多个,甚至全部省略。但是表达式之间的";"不能省略。例如,可以书写下述形式的 for 语句:

```
for (;;)
{
……//循环体
}
```

无论是什么形式的 for 语句,必须要保证循环条件的最终结束,否则会产生死循环。

二、实验目的

学习 JavaScript 中循环语句的使用。

三、实验环境

1. Windows 计算机,任意的文本编辑器或 FrontPage 工具。
2. Web 浏览器,例如 IE、遨游(Maxthon)、Firefox 等。

四、实验内容

1. 在 D:\mybook\ch06 文件夹中,创建 HTML 文档 exa6-03. htm。
2. 编写一端脚本程序,输入一系列数,分别计算正数的和与负数的和,输入 0 结束。最后输出计算结果。

五、知识要点

本实验涉及的知识点和技能点有：重复语句，JavaScript 类型转换，字符串对象的比较运算，带有符号“－”的数字字符串到负整数的转换。

六、实验步骤

1. 新建文件 exa6-03. htm

利用 FrontPage 工具，在 D:\mybook\ch06 文件夹中新建网页文件 exa6-03. htm。

2. 编辑脚本程序

参考代码：

```
<script>
  var sum1=0;
  var sum2=0;
  for (;;)
  {
    str=prompt("请输入下整数(0 结束)：","");
    sym=str.charAt(0); // 取字符串中的第 1 个字符
    if (sym=='-') // 如果为负数
    {
      //document.write(sym);
      data=str.substring(1); // 取第 2 个字符开始到字符串结束的所有字符
      x=-parseInt(data);
    }
    else
      x=parseInt(str);
    if(x>0)
      sum1 += x;
    else
      if (x<0)
        sum2 += x;
      else // 为 0,退出循环
        break;
  }
  document.write("输入正数的和："+sum1+"<br>");
  document.write("输入负数的和："+sum2);
</script>
```

说明：

(1)在默认模式下，parseInt()方法首先查看位置 0 处的字符，看是否为有效数字，如不是，则返回 NaN。可见，parseInt()不能转换负数，因为第一个字符为负号“－”，不是数字。为此，需要对负数字符串进行特别处理。

(2)在 JavaScript 中,不能使用"=="来判断两个字符串 str1 和 str2 是否相等,但可以判断两个字符是否相等,代码使用了 String 对象的 charAt(0)方法取得输入字符串的第 1 个字符。用户可以编写一个函数来判断两个字符串是否相等。

(3)对于字符串操作,如果第一个字符是空格,而不是"-",为了增加程序可靠性,可使用下面的代码:

```
var num=str.indexOf("-")
str=str.substr(num+1); //截取"-"后面的字符串
//str=str.substr(0,num); 截取"-"前面的字符串
```

(3)上述代码使用了 for 语句的一种很特殊的用法,类似的用法还有 while(TRUE)循环,可以保证直接执行循环体。使用一般的 while 循环,书写代码将更加麻烦。

实验四　函数定义及其应用

一、预备知识

无论是面向对象的编程还是过程式程序设计,函数是实现结构化编程的重要手段。通过函数的定义,来实现功能的模块化和代码重用。

1. 函数的定义

函数在使用之前必须先定义,在 JavaScript 中,函数的定义一般放在 HTML 文档头部,即< head ></head >标记对内,并书写在< script ></script >,一个< script ></script >标记对内,可以定义多个函数,定义全局变量,或书写 JavaScript 语句代码。函数定义的一般形式:

```
function <函数名>([<参数 1 >[,<参数 2 >, ……]] )
{
        <语句 1 >;
        <语句 2 >;
        ……
        [return <返回值> ;]
}
```

其中,参数 1、参数 2……为形式参数。如果函数有返回值,则函数体中至少要包含一个 return 语句。

2. 函数调用

在程序使用一个函数完成一些计算或数据处理称为函数调用,语法格式如下:

```
<函数名>( [<实参 1 >[,<实参 2 >,……]] )
```

其中,实参 1、实参 2……为实际参数,实际参数可以是常量、变量或表达式。如果函数有返回值,则可以在表达式中调用一个函数,如果函数没有返回值,则函数的调用可以作为一个语句出现,即:过程语句。

3. 全局变量和局部变量

在函数中定义的变量为局部变量，它只在当前函数中有效，即它的作用域是当前函数，一旦函数执行结束，该变量自动释放。函数外部不能对局部变量进行访问。

全局变量是在函数外部说明的变量，各个函数中都可以使用的变量，即它的作用域是整个程序。全局变量的定义通常放在程序执行的开始位置，所有函数之外。

在一个函数中如果一个局部变量与全局变量重名，则局部变量将屏蔽全局变量，即局部变量优先。

4. 函数与对象

在 JavaScript 中，函数也可以作为一种 Function 对象来创建（注意，第一个字母 F 必须大写）。当我们定义一个函数时，JavaScript 实际上在后台创建一个对象，这个对象的名称就是函数名本身，对象的类型是 function。

例如：

```
<script>
function Ball() // 声明一个函数 Ball，即创建了一个叫做 Ball 的对象
{
  i=1;
}
alert(typeof Ball); // 结果 "function"
</script>
```

当函数的定义被 JavaScript 定义为一个对象后，对对象实施的操作，都可以对这种 function 型的对象来操作。

二、实验目的

1. 学习 JavaScript 中函数的定义和使用方法。
2. 掌握函数和对象的关系。

三、实验环境

1. Windows 计算机，任意的文本编辑器或 FrontPage 工具。
2. Web 浏览器，例如 IE，遨游（Maxthon），Firefox 等。

四、实验内容

1. 在 D:\mybook\ch06 文件夹中，创建 HTML 文档 exa6-04. htm。
2. 编写 JavaScript 函数，判断输入的字符串是否为小数。
3. 编写 JavaScript 函数，判断两个字符串是否相等。

五、知识要点

本实验涉及的知识点和技能点有：函数定义，函数调用，JavaScript 类型转换，Math 对象。

六、实验步骤

1. 新建文件 exa6-04. htm

利用 FrontPage 工具，在 D:\mybook\ch06 文件夹中新建网页文件 exa6-04. htm。

2. 判断输入的字符串是否为小数

参考代码：

```
<head>
<script>
function isfloat(str)
{
  var int1=parseFloat(str);
  var int2=Math.floor(int1);
  if (int1>int2)
    return true;
  else
    return false;
}
</script>
</head>
<body>
<script>
str=prompt("请输入一个数字:","");
if (isfloat(str))
  alert("是小数");
else
  alert("不是小数")
</script>
</body>
```

3. 判断两个字符串是否相等

参考上述的函数定义，自行完成定义一个函数，判断两个字符串是否相等。

实验五　数组及其应用

一、预备知识

无论在什么样的程序设计中，数字都是非常重要的构造类型。在 JavaScript 中，数组非常灵活，它是作为一个 Array 对象来使用的，元素允许有不同的类型，下标从 0 开始。只有一个下标的数组称为一维数组，有两个或两个以上下标的数组称为多维数组。数组对象有一个 length 属性，其值为数组的元素个数。

1. 数组的创建

创建数组可以用以下方法：

(1)var <数组名>=new Array()；

创建一个元素个数不确定的空数组，通过对下标变量赋值来确定元素个数。

(2)var <数组名>=new Array(< n >)；

创建一个具有 n(n > 0)个元素的数组。

(3)var <数组名>=new Array(<初值 1 >,<初值 2 >,……,<初值 n >)；

根据数组的初值来创建数组，初值的个数决定数组的大小。

(4)var <数组名>=document. all. tags("<标记名>")；

由文档中的同类标记对象所创建的对象数组。例如：var arr=document. all. tags("td")；该语句可以获得页面中所有的单元格对象，然后通过 arr[i]. innerText 为单元格赋值。

2. 数组的引用

对于已经定义的数组，在程序中可以随时对其中的下标变量赋值或参加表达式的运算，引用数组元素(下标变量)的方法是：<数组名>[<下标>]。下标可以是常量、变量或表达式。另外，在 JavaScript 中，下标也可以放在圆括号内，即“<数组名>(<下标>)”的形式。

3. 数组对象的方法

(1) join(分隔符)方法：将数组元素形成以分隔符分隔的字符串。

(2) sort([<排序方式函数>])方法：将数组中的元素排序，如果不指定“排序方式函数”，则按字母顺序排序，否则按排序方式函数指定的规则排序。

(3) reverse()方法：数组逆序排列。

(4) slice(< n >[,< m >])方法：返回一个从第 n 个元素到第 m 个元素的子数组，当没有 m 时到最后一个元素。

(5) concat(<数组名>)方法：与“数组名”所指定的数组合并成一个新数组。

二、实验目的

1. 学习 JavaScript 中数组的定义和使用方法。
2. 掌握函数和对象的关系。

三、实验环境

1. Windows 计算机，任意的文本编辑器或 FrontPage 工具。
2. Web 浏览器，例如 IE、遨游(Maxthon)、Firefox 等。

四、实验内容

1. 在 D:\mybook\ch06 文件夹中，创建 HTML 文档 exa6-05. htm。
2. 输入一串英文人名，名字之间用“;”分割，将人名按照字典顺序排序，然后输出。
3. 编写一个 JavaScript 函数实现字符串对象中 split 函数的功能。
4. 利用图层(< div >)和数组设计下雪的页面效果。

五、知识要点

本实验涉及的知识点和技能点有：数组，数组对象的方法，字符串对象 String 的 split 方法，图层(<div>)，文档对象 Document，屏幕对象 screen。

六、实验步骤

1. 新建文件 exa6-05. htm

利用 FrontPage 工具，在 D:\mybook\ch06 文件夹中新建网页文件 exa6-05a. htm。输入一串英文人名，名字之间用“;”分割，将人名按照字典顺序排序，然后输出，脚本参考程序代码如下：

```
<script>
var mystrData="hz;wy;xxj;zs;cxj;cx;clz;haoxw;gyuwei;wjjiao";
var arrtmp=mystrData.split(";"); //将名字分离形成数组
alert("数组元素个数:"+arrtmp.length);
arrtmp.sort();
for(i=0;i<arrtmp.length;i++)
{
  document.write(arrtmp[i]+"<br>");
}
</script>
```

参照上述代码，编写一个 JavaScript 函数实现字符串对象中 split 函数的功能。

2. 下雪效果设计

通过在文档中重输出图层，显示雪花，并随机改变图层位置，即可产生下雪效果。参考代码如下：

```
<head>
<title>snowing</title>
<meta http-equiv="Content-Type" content="text/html; charset=gb2312">
<style type="text/css">
body {
  background-image: url(bg1.jpg);
}
</style>
<script language="javascript">
drop = new Array(); xx = new Array(); yy = new Array(); mv = new Array();
snowsymbol = "*";
snownums = 15;
speed=30;
angle=11;
movex = -speed/angle;
movey = speed;
```

```
function snowing()
{
  for (var i = 0; i < snownums; i++)
  {
    xx[i]+=movex;
    yy[i]+=mv[i];
    if(xx[i] < 0) xx[i] = maxx+10;
    if(yy[i] > maxy) yy[i] = 10;
    drop[i].left = xx[i];
    drop[i].top = yy[i]+document.body.scrollTop;
  }
  setTimeout('snowing()','1');
}
</script>
</head>
<body>
<script language="javascript">
maxx = document.body.clientWidth-40;
maxy = document.body.clientHeight-40;
for(var i= 0; i < snownums; i++)
  {
    document.write('<div id="drop'+i+'" style="position: absolute;">'+snowsymbol+'</div>');
    drop[i] = eval("document.all['drop"+i+"'].style");
    xx[i] = Math.random() * maxx;
    yy[i] = -100-Math.random() * maxy;
    drop[i].left = xx[i];
    drop[i].top = yy[i];
    drop[i].fontSize = (Math.random() * 10)+10;
    drop[i].color = "#FFFFFF";
    mv[i] = (Math.random() * 5)+speed/16;
  }
  snowing();
</script>
</body>
</html>
```

页面显示效果如图 6-6 所示。

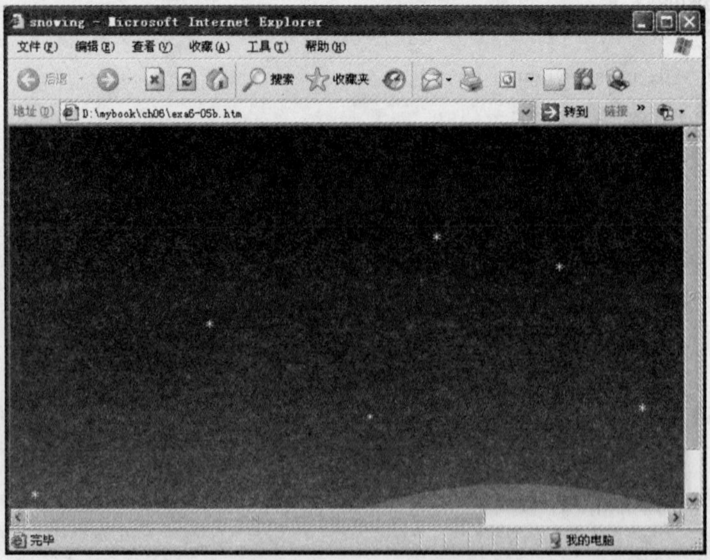

图 6-6 下雪效果设计

利用图层操作，还可以产生许多其他的页面效果设计，例如：浮动广告、漂浮超链接等，请自行完成。

实验六 日期和时间操作及应用

一、预备知识

在网页设计中，日期和时间是使用频率很高的数据。在 JavaXcript 中，设计了一个内置对象 Date，封装了有关日期和时间操作的常用方法。

1. 新建日期对象

新建日期对象的方法有多种格式：

(1) 创建一个当前日期时间对象，以系统当前的日期时间创建。

var mydate=new Date();

(2) 创建一个指定日期时间的日期对象：

var mydate =new Date(年，月，日，时，分，秒)；

(3) 创建一个指定日期的日期对象，时间从 0 时 0 分 0 秒开始。

var mydate =new Date(年，月，日)；

(4) 用一个字符串参数创建一个日期。

var mydate =new Date("月 日 年 时：分：秒")；

其中的分隔符“空格”和“：”不能少。

2. 日期对象常用属性和方法

(1) getYear()，返回整数表示的日期对象的年份值。

(2)getMonth(),返回整数表示的月份值,取值为 0～11。

(3)getDay(),返回整数表示的对象的日期是星期几,取值为 0～6。

(4)getHours(),返回整数表示的对象时间的小时值,取值为 0～23。

(5)getMinites(),返回整数表示的对象时间的分钟值,取值为 0～59。

(6)getSeconds(),返回整数表示的对象时间的秒值,取值为 0～59。

(7)toLocaleString(),获取本地时间,将 Date 转换为本地一格式化的字符串。

二、实验目的

1. 学习 JavaScript 中 Date 对象的使用方法。
2. 学习通过脚本程序操作 HTML 文档元素的方法。

三、实验环境

1. Windows 计算机,任意的文本编辑器或 FrontPage 工具。
2. Web 浏览器,例如 IE,遨游(Maxthon),Firefox 等。

四、实验内容

1. 在 D:\mybook\ch06 文件夹中,创建 HTML 文档 exa6-06a. htm,定义一个 1×2 的表格,在表格中显示日期和时间。
2. 在页面顶层显示时钟,在页面右上角显示一个阴影的动态时钟。
3. 设置页面的浏览时间限制,设置网页的浏览时间,显示倒计时。
4. 关闭网页时,显示在该页面停留的时间。
5. 计算两个日期之间的时间间隔。

五、知识要点

本实验涉及的知识点和技能点有:Date 对象,HTML 标记 id 属性,单元格 innerHTML 属性的使用,window 对象 setTimeout 方法。

六、实验步骤

1. 在表格中显示日期和时间

利用 FrontPage 工具,在 D:\mybook\ch06 文件夹中新建网页文件 exa6-06a. htm。

技术要点:

(1)定义两个函数,显示日期和时间。

(2)定义表格,利用单元格 innerHTML 属性,在表格的第一列显示日期,第二列显示时间。

参考代码:

```
<html>
<head>
<meta http-equiv="Content-Type" content="text/html; charset=gb2312">
```

```
<script>
////////////////////////////////////////////////////////////////////////////////////
// 显示日期和时间,参数 Elements 代表(表格)的 id
function ShowDate(Elements)
{
  var temp;
  var datetime = new Date();
  var year = datetime.getYear();
  var month = datetime.getMonth() + 1;
  var date = datetime.getDate();
  var day = datetime.getDay();
  temp = year+"年"+month+"月"+date+"日 ";
  Elements.innerHTML = temp;
}
function ShowTime(Elements)
{
  var temp = "";
  var datetime = new Date();
  var hour = datetime.getHours();
  var minu = datetime.getMinutes();
  var seco = datetime.getSeconds();
  temp = temp+" "+hour+":"+minu+":"+seco+" ";
  Elements.innerHTML = temp;
  window.setTimeout("ShowTime(" + Elements.id + ")",1000)
  //这里 Elements.name 或 Elements.id 不是 Elements
}
</script>
</head>
<body>
<table width="200" height="30" border="1" cellpadding="2" cellspacing="2" bordercolor=
"#0000FF">
<tr>
  <td id="mydate"><script>ShowDate(mydate);</script></td>
  <td id="mytime"><script>ShowTime(mytime);</script></td>
</tr>
</table>
</body>
</html>
```

结果如图 6-7 所示。

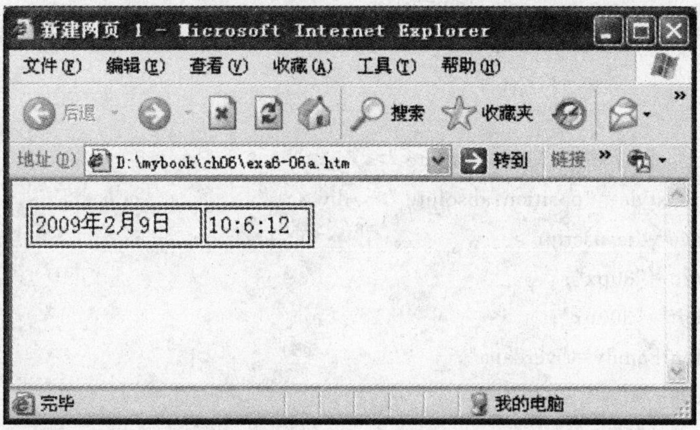

图 6-7　动态显示时钟

2. 在页面顶层显示时钟

利用 FrontPage 工具，在 D:\mybook\ch06 文件夹中新建网页文件 exa6-06b. htm。编辑脚本程序。技术要点：

(1)利用 Date 对象获得小时、分钟和秒。

(2)定义图层，定位到页面右上角，利用层的 innerHTML 属性将获取的时间动态的在土层中显示，利用 window 对象 setTimeout 方法刷新时间。

参考代码：

```
<html>
<head>
<meta http-equiv="Content-Type" content="text/html; charset=gb2312">
<title>新建网页 1</title>
<script>
function myclock()
{
  var now = new Date();
  hour = now.getHours();
  minute = now.getMinutes();
  second = now.getSeconds();
  if (minute < 10)
    minute='0'+minute;
  if (second < 10)
    second='0'+second;
  str = hour+":"+minute+":"+second;
  str='<b><font style="font-size:50px ">'+str+'</font></b>'
  div1.innerHTML=str;
  div2.innerHTML=str;
  window.setTimeout("myclock();",1000);
```

```
}
</script>
</head>
<body>
<div id="div2" style="position:absolute "></div>
<div id="div1" style="position:absolute "></div>
<script language="javascript">
  div1.style.top="30px";
  div1.style.left="300px";
  div1.style.fontFamily="verdana";
  div1.style.color="#FF0000";
  div2.style.top="30px";
  div2.style.left="302px";
  div2.style.fontFamily="verdana";
  div2.style.color="#999999";
  myclock();
</script>
</body>
</html>
```

在上述代码中，之所以用两个图层，是为了显示的数字产生阴影效果，显示如图 6-8 所示。

图 6-8　在页面顶层显示时钟

3. 访问时间限制

在网站设计时，有时候可能要设置浏览页面限制，对于非网站用户，要限制其停留的时间。这可以通过一个页面访问时间倒计时实现。

利用 FrontPage 工具，在 D:\mybook\ch06 文件夹中新建网页文件 exa6-06c.htm。

参考代码：

```
<html>
<head>
<meta http-equiv="Content-Type" content="text/html; charset=gb2312">
<script language="JavaScript">
var countdown = "1:30"; // 设置停留时间,分:秒
var temp= countdown.split(":");
totalseconds= temp[0] * 60 + temp[1] * 1;
function begintimer()
{
  if (totalseconds== 1)
    window.location = "#";
  else
  {
    totalseconds-= 1;
    curmin = Math.floor(totalseconds / 60);
    cursec = totalseconds % 60;
    curtime = "访问当前网页剩余时间:"+ curmin + "分" + cursec+"秒";
    setTimeout("begintimer()",1000);
    document.myform.left.value = curtime;
  }
}
</script>
</head>
<body onload="begintimer();">
<form name="myform" method="post" action="">
    <center>
    <span>页面访问时间倒计时:</span>
    <input type="text" name="left" size="25">
  </center>
</form>
</body>
</html>
```

4. 显示在该页面停留的时间

可以通过在计算打开页面和关闭页面的时间差,计算用户在页面停留的时间。

利用 FrontPage 工具,在 D:\mybook\ch06 文件夹中新建网页文件 exa6-06d.htm。

技术要点:

编写<body>标记的 onload 和 onUnload 函数,分别来获取打开网页的时间和关闭网页的时间,并计算时间差。

参考代码:

```
<html>
<head>
```

```
<meta http-equiv="Content-Type" content="text/html; charset=gb2312">
<script>
var begintime = new Date();
function staytime()
{
    endtime = new Date();
    minutes = (endtime.getMinutes() - begintime.getMinutes());
    seconds = (endtime.getSeconds() - begintime.getSeconds());
    time = (seconds + (minutes * 60));
    time = (time);
    alert('您在本页共停留了' + time+" 秒钟");
}
</script>
</head>
<body onunload="staytime();">
</body>
</html>
```

在浏览器中打开上述页面，当关闭页面时，弹出消息窗口，显示页面打开的时间，如图 6-9 所示。

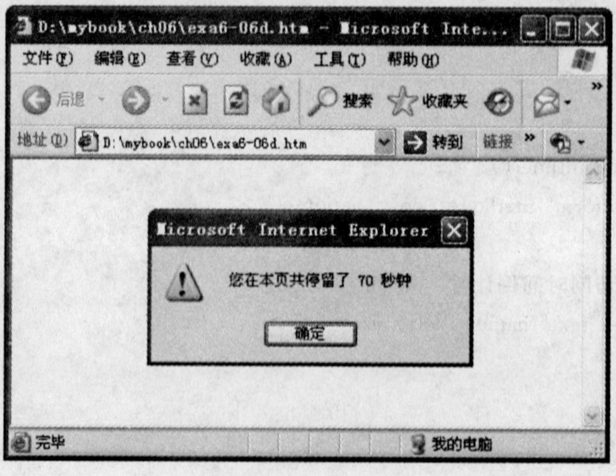

图 6-9 显示页面停留时间

对于上述计算，还可以使用 Date 对象的 getTime()方法，返回 Date 对象的秒数。例如，下列函数可以计算两个日期之间的时间间隔：

```
function currentdate(begindate,enddate)
{
    var begin = new Date(begindate);
    var end = new Date(enddate);
    var resultdate = begin.getTime() - end.getTime();
    var day = Math.abs(Math.round(resultdate / (1000 * 60 * 60)));
```

```
    document.form3.resulttext.value = day;
}
```

参考上述代码，编写程序，输入两个日期，计算间隔小时数并输出，如图 6-10 所示。

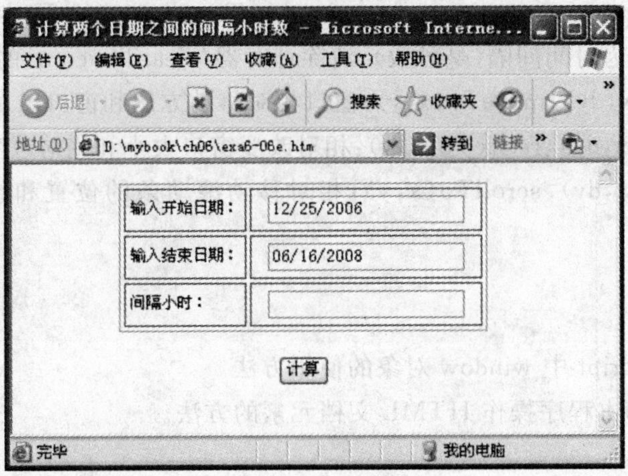

图 6-10　计算两个日期之间的时间差

提示：注意输入日期的格式，可采用下列形式提示用户输入格式：

```
<input type="text" name="begindatetext" value="12/25/2006">
```

实验七　window 对象及其应用

一、预备知识

在网页设计中，可以说窗口对象(window)是使用最多的对象。window 即客户的浏览器窗口，window 对象用于描述窗口的特征，它是 document、location、history 等对象的父对象。在 JavaScript 中，window 对象封装了有窗口操作的常用方法。

1. window 对象的常用属性

window 对象的常用属性有：

(1)window、self、parent、opener 和 top：这些都是 window 对象类型的属性，分别表示当前窗口(window、self)、父窗口(parent)、打开当前窗口的窗口(opener)和顶级窗口(top)。

(2)defaultStatus 和 status：状态栏默认信息和状态栏信息属性，字符串类型的属性。

(3)length：子窗口个数，整数类型。

(4)closed：窗口是否被关闭，逻辑类型。

另外，对于含有框架结构的 window 对象，还含有一个 frames 数组。

2. window 对象的方法

(1)alert(text)、prompt(text[,defaulttext])和 confirm(text)：弹出一个警告框(alert)的方法；弹出一个信息输入框(prompt)的方法；弹出一个确认框(confirm)的方法，确

认框有“确定”和“取消”按钮，对应于返回值“真”和“假”。

(2)open(URL,windowName,Features)、close()：打开子窗口(open)的方法和关闭窗口(close)方法。

(3)setTimeout("functionName",ms)、clearTimeout(timerID)：定时器设置(setTimeout)方法，ms为时间间隔(毫秒数)；清除计时器(clearTimeout)的方法。

(4)moveBy(dx,dy)、moveTo(x,y)：窗口相对移动方法和窗口绝对移动方法。

(5)resizeBy(dx,dy)、resizeTo(x,y)：相对改变窗口大小和绝对改变窗口大小。

(6)scrollBy(dx,dy)、scrollTo(x,y)：相对移动滚动条的位置和绝对移动滚动条的位置。

二、实验目的

1. 学习JavaScript中window对象的使用方法。
2. 学习通过脚本程序操作HTML文档元素的方法。

三、实验环境

(1)Windows计算机，任意的文本编辑器或FrontPage工具。

(2)Web浏览器，例如IE、遨游(Maxthon)、Firefox等。

四、实验内容

1. 编写程序，当打开一个页面时，使其最大化显示。
2. 编写程序，打开一个新窗口，并设置窗口的大小和位置，例如居中显示。
3. 窗口移动。
4. 页面的安全性设置，例如：禁止用户复制网页内容、禁止网页另存为、禁止用户刷新屏幕、屏蔽有关键盘事件。

五、知识要点

本实验涉及的知识点和技能点有：window对象，screen对象，event对象。

六、实验步骤

1. 网页打开时，窗口在大化

默认情况下，使用Web浏览拿器打开网页时，浏览器窗口的大小是上一次关闭时的默认值，要改变打开网页时窗口的默认大小，应使用window对象的resizeTo()方法。

利用FrontPage工具，在D:\mybook\ch06文件夹中新建网页文件exa6-07a.htm。

参考代码：

```
<script language="JavaScript">
    this.moveTo(0,0)
    this.resizeTo(screen.availWidth,screen.availHeight)
</script>
```

2. 打开一个新的窗口，设置新窗口的大小和位置

利用 window 对象的 open 方法打来一个新窗口，设置 open 方法的参数，来设置该新窗口的大小和位置。

利用 FrontPage 工具，在 D:\mybook\ch06 文件夹中新建网页文件 exa6-07b. htm。

参考代码：

```
<html>
<head>
<meta http-equiv="Content-Type" content="text/html; charset=gb2312">
<title>新建网页 1</title>
<script language="javascript">
var ss="";
function newone()
{
    ss="width="+document.form1.t1.value+",height="+document.form1.t2.value
      + ",top="+document.form1.t3.value+",left="+document.form1.t4.value;
    var newform=window.open("exa6-07a.htm","",ss);
}
</script>
</head>
<body>
<div>
<center>
<form name="form1" method="post" action="">
  <p>设置新打开窗口页面大小:</p>
    宽:<input name="t1" type="text" value="200" size="10"><br>
    高:<input name="t2" type="text" value="200" size="10"><br>
  <p>设置新打开窗口页面位置:</p>
    左上角 x:<input name="t3" type="text" value="60" size="10"><br>
    左上角 y:<input name="t4" type="text" value="60" size="10"><br>
  <p>
    <input type="button" name="Submit" value="打开新页面" onclick="newone()">
  </p>
</form>
</center>
</div>
</body>
</html>
```

如果希望打开的一个窗口居中显示，代码如下：

```
<script language="javascript">
function manage()
{
```

```
        var newwin=window.open('exa6-07a.htm'","width=500,height=350);
        width=screen.width;
        height=screen.height;
        newwin.moveTo((width-500)/2,(height-350)/2);
    }
    </script>
```

3.窗口移动

在打开一个窗口时,将其置于屏幕左上角,然后窗口在屏幕上从左到右随机移动,碰到屏幕边界时候,反弹,继续移动。

技术要点:

利用 screen 对象的 availWidth 和 availHeight 属性获得屏幕的宽度和高度,用 window 对象的 resizeTo 和 removeTo 移动窗口。

参考代码:

```
<html>
<head>
<meta http-equiv="Content-Type" content="text/html; charset=gb2312">
<script>
var x0=0;
var y0=0;
var x=0;
var y=0;
function go()
{
  try{
          if (x0==0) x += 2;
          if (x > screen.availWidth-300) x0=1;
          if (x0==1) x -= 2;
          if (x==0)   x0=0;
          if (y0==0) y += 2;
          if (y > screen.availHeight-300) y0=1;
          if (y0==1) y -= 2;
          if (y==0)   y0=0;
          window.moveTo(x,y);
  }
  catch(e){}
}
</script>
</head>
<body>
<a href="#" onclick="window.opener=null; window.close();">关闭窗口</a>
<script language="JavaScript">
```

```
        window.resizeTo(400,300)
        window.moveTo(0,0)
        inter=setInterval("go()", 1);
    </script>
    </body>
    </html>
```

说明：上述代码中存在下列标记定义：

```
<a href="#" onclick="window.opener=null; window.close();">关闭窗口</a>
```

其功能是当点击“关闭窗口”超链接时，不弹出“是否关闭窗口”询问对话框。

4. 页面的安全性设置

在 Web 开发中，经常会对打开的网页做一些安全性的设置，例如禁止用户复制网页内容、禁止网页另存为、禁止用户刷新屏幕、屏蔽有关键盘事件等。

技术要点：

(1)禁止用户复制网页内容

有时候可能不希望用户复制网页内容，或将网页另存为，其实现方法非常简单，主要是添加<body>标记的有关事件属性即可。相关的事件属性有：

● onselectstart，对象将要被选中时触发。如果设置<body onselectstart="return false">，则用鼠标左键的选择页面内容的操作将被禁止。

● oncontextmenu，左键单击时触发。

可以用于<body>标记和许多其他的标记，如果要禁止在某个元素上右单击，可以赋值 false，例如：<body oncontextmenu="alert ('快捷菜单被禁用');self.event.returnValue=false">，则用户在网页上右单击时弹出一个警告窗口，而不是原先的快捷菜单。

综合上面的事件，则下面的<body>标记属性将禁止几乎所有的页面操作：

```
<body onmouseup=document.selection.empty() oncontextmenu="return false" onselectstart="return false" ondragstart="return false" onbeforecopy="return false" oncopy=document.selection.empty()>
```

如果希望禁止网页另存为操作，可以在文档体内添加下面的标记：

```
<noscript><iframe src=""></iframe></noscript>
```

当用户在浏览器中执行“另存为…”命令时，显示“无法保存该网页”的错误提示窗口。

上述事件属性，不仅可以作用于<body>标记，同样也可用于其他标记中，例如，可以设置<td>标记的 oncontextmenu 事件属性。

(2)禁止用户屏幕刷新

在 Web 开发中，当用户填写表单时，如果网速较慢，用户往往会习惯性地点击刷新按钮，这将导致用户重复提交订单，从而产生错误。此时，应该将浏览器的菜单屏蔽，这可以通过 JavaScript 来实现。

(3)屏蔽有关键盘事件

在表单提交时，除了不能够进行刷新页面操作外，通常情况下，也不允许用户通过键盘刷性屏幕(F5)，执行后退等操作。要实现上述功能，需要在订单页面中，通过屏蔽键盘 F5 键、回车键、退格键、Ctrl+N 组合键等来完成。

根据上述介绍，请完成相应的页面设置编程。

实验八 document 对象的应用

一、预备知识

在 HTML DOM 中，document 对象代表整个 HTML 文档，可用来访问页面中的所有元素，包括文档头< head >部分和文档体< body >部分。此外，需要注意的是 document 对象是浏览器对象模型 BOM 中的 window 对象的一个部分，可通过 window. document 属性来访问。每一个 HTML 文档有一个< body >标记，浏览器在内存中创建一个 body 对象，body 对象封装了 HTML 文档中< body >标记的所有属性及所有的文档体元素。

从 HTML 文档结构看，body 对象是 document 对象的成员对象，对文档体内所有元素的访问应该通过 document. body 来访问。但是，为了书写上的方便，在 document 对象中，直接包含了有关文档体内的元素对象。例如：设置文档的背景色，理论上应该写为：document. body. bgColor＝""，但是，也可以直接写为：document. bgColor＝""，两种写法结果是一样的。实际上，对文档体中大多数元素的访问几乎都可以直接使用 document，而不是 document. body 来访问。

1. document 对象属性

Document 对象封装了整个 HTML 文档本身，包括< head >头部和< body >体，所有内容都可以通过 document 对象来访问和操作，这些属性包括：

(1) bgColor、fgColor：网页的背景颜色和前景颜色。

(2) linkColor、vlinkColor 和 alinkColor：网页中超级链接、已访问过的超级链接和激活的超级链接的颜色。

(3) title：文档标题。

(4) lastModified：文档最后一次修改的日期。

(5) location：文档的 URL。

除此之外，< body >体内的所有内容，也构成 document 的一些数组属性，

(1) all：文档中所有标记组成的对象数组。

(2) anchors：文档中所有锚点构成的数组。

(3) images：文档中所有图片对象构成的数组。

(4) links：文档中所有超级链接对象所构成的数组。

(5) forms：文档中所有的表单对象构成的数组。

2. document 对象方法

document 的方法我们已经在前面多次用到了，这就是 write() 和 writeln() 方法。write() 方法向文档的页面上写入文本信息，后者与前者的差别是写入后自动换行。此外，还包括 open()、close() 和 clear() 方法，分别用于打开文档、关闭文档和清理文档内容。

二、实验目的

1. 学习 JavaScript 中 document 对象的使用方法。
2. 学习通过脚本程序操作 HTML 文档元素的方法。

三、实验环境

1. Windows 计算机，任意的文本编辑器，或 FrontPage 工具。
2. Web 浏览器，例如 IE、遨游(Maxthon)、Firefox 等。

四、实验内容

1. 编写程序，修改网页的标题栏。设置标题栏文本为“山中何所有，岭上多白云。只可自怡悦，不堪持赠君。”，在该文档中通过一个 JavaScript 函数，形成标题栏的“走马灯”效果，同时网页的背景颜色也随机地发生变化。

2. 在网页中，打开一个 200×150 的新窗口，在新窗口内每隔 1 秒钟输出新内容，依次为“标题 1”、“标题 2”……“标题 6”，并按<h1>,<h2>,…,<h6>样式居中显示。

五、知识要点

本实验涉及的知识点和技能点有：window 对象，document 对象。

六、实验步骤

1. 设置标题栏文本及走马灯效果

网页中的标题栏是通过<head>头部的<title>标记设置的，因此，可以通过 document 对象来设置标题栏的内容。

利用 FrontPage 工具，在 D:\mybook\ch06 文件夹中新建网页文件 exa6-08a. htm。

参考代码：

```
<html>
<head>
<meta http-equiv="Content-Type" content="text/html; charset=gb2312">
<title>山中何所有，岭上多白云。只可自怡悦，不堪持赠君。</title>
<script>
var mytitle=document.title;  //取文档标题栏的内容为字串
n=mytitle.length;
//修改网页背景色和标题栏文本
function modi()
{
    var temp=mytitle.substring(1,n)+mytitle.substring(0,1); //第一个字符移到字串的末尾
    n1=Math.floor(Math.random()*256);                       //随机产生三种颜色值
    n2=Math.floor(Math.random()*256);
    n3=Math.floor(Math.random()*256);
```

```
    document.bgColor="rgb("+n1+","+n2+","+n3+")"; //设置文档背景色
    document.title=temp;                         //改变标题栏的文本
    mytitle=temp;
    setTimeout("modi()",500);                    // 500 毫秒刷新一次
  }
</script>
</head>
<body onLoad="modi()">
<h1 align="center">标题栏走马灯效果演示</h1>
</body>
</html>
```

执行结果如图 6-11 所示。

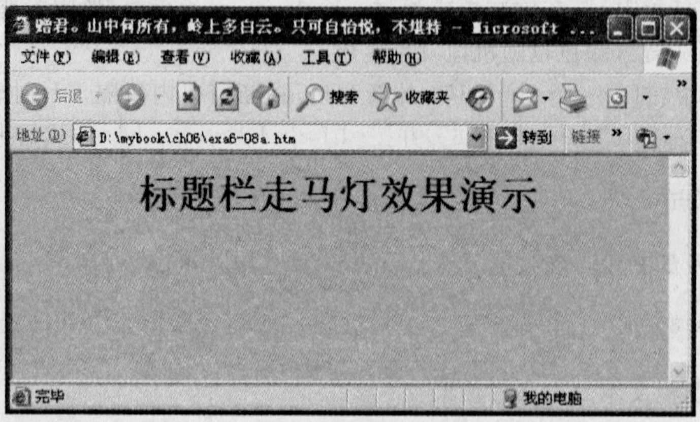

图 6-11　修改网页标题栏

2. 在新窗口输出页面内容

对于一个新的网页，可以通过 document. write 方法输出页面内容。这就增加了网页的动态效果，用户可以通过脚本程序修改网页内容。

利用 FrontPage 工具，在 D:\mybook\ch06 文件夹中新建网页文件 exa6-08b. htm。

参考代码：

```
<html>
<head>
<title>文档的打开与关闭</title>
<script language="JavaScript">
var win1=window.open("","","width=200,height=150");//打开一个子窗口
var i=1,k=1;
function ff()
{
    win1.document.close();                    //关闭子窗口的文档
    win1.document.open("text/html");          //打开一个新的 HTML 文档
    win1.document.write("<h"+i+" align=center>标题"+i+"</h"+i+">");
```

```
        i++;
        if (i>6)
            clearTimeout(timer1);                    //当所作标题样式用完后清除计时
                                                       器,停止
        else
            timer1=setTimeout("ff()",1000);          //否则继续执行程序
    }
    </script>
    </head>
    <body onLoad="ff()">
      <h1 align="center">文档的打开与关闭</h1>
    </body>
    </html>
```

打开上述页面,执行结果如图 6-12 所示。

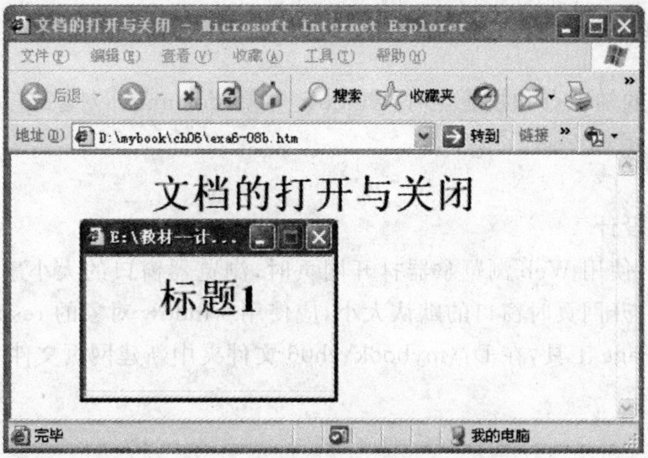

图 6-12　文档内容的修改

实验九　表单操作与数据有效性验证

一、预备知识

在 Web 应用中,表单是客户端输入数据的主要用户界面,这包括了文本框、多行文本框、单选钮、复选框,下拉列表等多种用户输入。对于表单中的用户输入,不仅要可以获得输入数据,为了保证数据输入的有效性,在提交表单以前,往往需要在客户端进行数据的有效性检查,这样可以有效地减少服务器的负载,提高整个 Web 系统的运行效率。

在 HTML 中,所有的用户输入都定义在表单标记< form ></form >内,在内存中都创建相应的内容对象,这些对象是表单的元素,因此,可以通过 document 对象来操作,从而完成表单数据的访问和处理。

二、实验目的

1. 掌握不同类型表单数据的获取方法。
2. 学习表单数据的有效性验证方法。

三、实验环境

(1)Windows 计算机,任意的文本编辑器或 FrontPage 工具。
(2)Web 浏览器,例如 IE、遨游(Maxthon)、Firefox 等。

四、实验内容

1. 设计一个包含文本框、单选钮、复选框、下拉列表等元素的表单。
2. 编程来读取表单的各输入数据。
3. 设计对 E mail 输入的有效性验证。

五、知识要点

本实验涉及的知识点和技能点有:window 对象,document 对象,正则表达式。

六、实验步骤

1. 输入表单设计

默认情况下,使用 Web 浏览拿器打开网页时,浏览器窗口的大小事上一次关闭时的默认值,要改变打开网页时窗口的默认大小,应使用 window 对象的 resizeTo()方法。

利用 FrontPage 工具,在 D:\mybook\ch06 文件夹中新建网页文件 exa6-07a. htm。

参考代码:

```
<html>
<head>
<meta http-equiv="Content-Type" content="text/html; charset=gb2312">
<title>获取文本框/编辑框/隐藏域的值</title>
<style type="text/css">
<! --
body {
    background-color: #FFF8EB;
    margin-top: 20px;
}
-->
</style>
<script type="text/javascript">
/////////////////////////////////////////////////////////////////////////////////////
// 用户名为只读属性
function checkname()
```

```
{
  if (document.form1.myname.readOnly){
    alert("用户名文本框为只读属性!");
    return false;
  }
  else return true;
}
////////////////////////////////////////////////////////////////////////////////
// 返回单选钮的值
function getSexVal()
{
    var sexValue;
    for (i=0;i<form1.sex.length;i++)
        if (form1.sex[i].checked)
        {
            sexValue=form1.sex[i].value;
            break;
        }
    return sexValue;
}
////////////////////////////////////////////////////////////////////////////////
// 获取复选框选择,多个复选框元素可以设置相同的name属性
function getCheckbox()
{
    var likestr="";
    var length=document.form1.mylike.length;
    for(i=0;i<length;i++)
    {
        if(document.form1.mylike[i].checked)
            likestr += document.form1.mylike[i].value+";";
    }
    return likestr.substring(0,likestr.length-1);
}

////////////////////////////////////////////////////////////////////////////////
// 获取下拉列表输入
function getListbox()
{
  return document.form1.grade.value;
}
////////////////////////////////////////////////////////////////////////////////
// 限制多行文本域输入的字符个数
```

```
var LastCount =0;
function CountStrByte(Message,Total,Used,Remain)
{
var ByteCount = 0;
var StrValue  = Message.value;
var StrLength = Message.value.length;
var MaxValue  = Total.value;
if(LastCount != StrLength)
 {
    for (i=0;i<StrLength;i++){
        ByteCount  = (StrValue.charCodeAt(i)<=256) ? ByteCount + 1 : ByteCount + 2;
        if (ByteCount>MaxValue) {
          Message.value = StrValue.substring(0,i);
          alert("简介最多不能超过 " +MaxValue+ " 个字节!\n注意:一个汉字为两字节。");
          ByteCount = MaxValue;
          break;
        }
     }
   Used.value = ByteCount;
   Remain.value = MaxValue-ByteCount;
   LastCount = StrLength;
 }
}
/////////////////////////////////////////////////////////////////////////////////
//验证身份证输入位数是否正确
function CheckPCard()
{
    var CardTypeValue;
    for (i=0;i<form1.CardType.length;i++)
      if (form1.CardType[i].checked)
      {
          CardTypeValue=form1.CardType[i].value;
          break;
      }
    if (CardTypeValue=="身份证")
      if(form1.pcard.value.length!=15 && form1.pcard.value.length!=18)
      {
          alert("您输入的证件号码有误!");
          form1.CardType.focus();
          return;
      }
}
```

```
/////////////////////////////////////////////////////////////////////////////////////
// 输出用户输入有关信息
function MySubmit()
{
    var checkstr="个人基本信息:\n";
    if  (document.form1.myname.value ! = "")
        checkstr += "姓名:"+document.form1.myname.value+"\n";
      checkstr += "性别:"+getSexVal()+"\n";
      if (document.form1.mybrief.value ! = "")
        checkstr += "个人简介:"+document.form1.mybrief.value+"\n";
      checkstr  += "个人兴趣:" + getCheckbox()+ "\n";
      checkstr  += "教育状况:" + getListbox()+ "\n";
      if (document.form1.隐藏域.value ! = "")
        checkstr += document.form1.隐藏域.value+"\n";
    if (checkstr ! = "")
    {
     alert(checkstr);
     return false;
  }
  else return true;
}
</script>
</head>
<body style="font-size:12px">
<table width="50%" border="0" align="center" cellpadding="0" cellspacing="0">
  <tr>
    <td align="left" valign="top">
    <table width="95%"  border="0" align="center" cellpadding="0" cellspacing="0">
      <tr>
        <td height="22" align="left"><img src="images/dian.gif" width="7" height="7">
        用户个人资料</td>
      </tr>
      <tr>
        <td height="1"><img src="images/xian.gif" width="366" height="1"></td>
      </tr>
    </table>
    <br>
    <table width="500" border="0" align="center" cellpadding="0" cellspacing="0">
        <form name="form1" onSubmit="MySubmit()">
          <tr>
            <td height="28" align="right">姓名:</td>
```

```
<td height="28">
    <input type="text" name="myname" value="Linda" readOnly="true"
        onKeyDown="checkname()" onMouseup="checkname()">  
    性别<input type="radio" name="sex"value="男">男
    <input type="radio" name="sex" value="女" checked>女
</td>
</tr>
<tr>
  <td width="99" align="right">教育状况:</td>
  <td align="left">
    <select name="grade" id="grade">
      <option value="博士">博士</option>
      <option value="硕士">硕士</option>
      <option value="本科" selected>本科</option>
    </select>
  </td>
</tr>
<tr>
    <td height="28" align="right">证件类型:</td>
    <td><input name="CardType" type="radio" value="身份证" checked>身份证
                     
        <input name="CardType" type="radio" value="学生证">学生证
    </td>
</tr>
<tr>
    <td height="28" align="right">证件号码:</td>
    <td class="word_grey">
        <input type="text" name="pcard" size="47" onBlur="CheckPCard()"></td>
</tr>
<tr>
  <td height="22" align="right">个人兴趣:</td>
  <td height="22">  
    <input type="checkbox" name="mylike" value="体育">体育
    <input type="checkbox" name="mylike" value="音乐">音乐
    <input type="checkbox" name="mylike" value="旅游">旅游</td>
</tr>
<tr>
  <td height="28" align="right">自我介绍:</td>
  <td height="28">
  <textarea name="mybrief" cols="45" rows="6" title="自我介绍"
onKeyDown="CountStrByte(this.form.mybrief,this.form.total,this.form.used,this.
        form.remain);"
```

```
            onKeyUp＝"CountStrByte(this. form. mybrief, this. form. total, this. form. used, this.
                            form. remain);">
            </textarea>
            </td>
        </tr>
        <tr>
            <td colspan="2" align="center">最多允许
                <input type="text" name="total" disabled value="100" size="3">个字节 已
                            用字节：
                <input type="text" name="used" disabled  value="0" size="3">剩余字节：
                <input type="text" name="remain" disabled value="100" size="3">
            </td>
        </tr>
        <tr>
            <td height="28" colspan="2" align="center">
                <input type="hidden" name="隐藏域" value="个人信息输入完毕">
                <input type="submit" name="myok" value="确定">  
                <input type="reset" name="mycan" value="取消"></td>
        </tr>
      </form>
    </table>
    </td>
  </tr>
</table>
</body>
</html>
```

在上述代码中，对于每一个输入，当输入完成后马上进行数据的合理性验证，这是通过为输入元素增加事件属性实现的。执行上述页面，显示结果如图 6-13 所示。

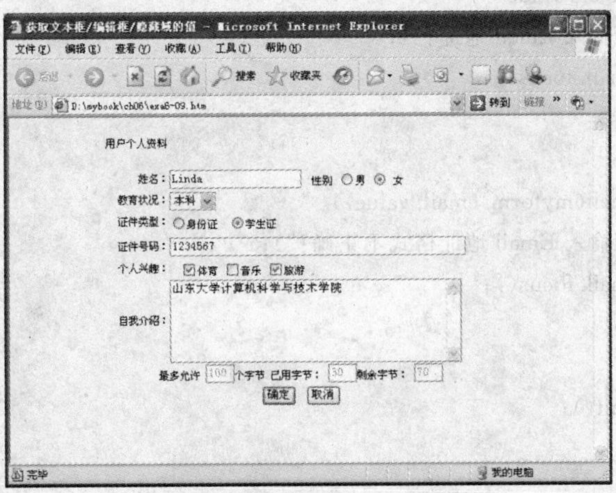

图 6-13　输入表单

当输入结束后，单击“确定”按钮，显示用户的输入数据。

2.使用正则表达式

在JavaScript中，采用上述的验证方法，可以验证部分数据的合法性。更加复杂的数据有效性验证，例如E-mail账户、特定格式的输入数据等，采用上述的方法验证非常麻烦，通常采用正则表达式的方法。

下面仅给出E-mail账户的正则表达式验证方法。

参考代码：

```
<html>
<head>
<meta http-equiv="Content-Type" content="text/html; charset=gb2312">
<script>
/////////////////////////////////////////////////////////////////////////////////////////
//Email账户有效性验证
function checkemail(str)
{
        //在JavaScript中，正则表达式只能使用"/"开头和结束，不能使用双引号
        var Expression=/\w+([-+.']\w+)*@\w+([-.]\w+)*\.\w+([-.]\w+)*/;
        var objExp=new RegExp(Expression);
        if (objExp.test(str)==true)
            return true;
        else
            return false;
}
/////////////////////////////////////////////////////////////////////////////////////////
// 用户自定义表单提交函数，参数为表单名
function check(myform)
{
      if (myform.email.value==""){
          alert("请输入Email地址!");
        myform.email.focus();
        return;
      }
      if (! checkemail(myform.email.value)){
          alert("您输入Email地址格式不正确!");
        myform.email.focus();
        return;
      }
      myform.submit();
}
</script>
</head>
```

```
<body>
<form name="form1" method="POST" onclick="check(form1)">
    <p>请输入 Email 账户:<input type="text" name="email" size="20"></p>
    <p><input type="submit" value="提交" name="B1"><input type="reset" value="重置"
name="B2"></p>
</form>
</body>
</html>
```

运行结果如图 6-14 所示。

图 6-14　使用正则表达式验证复杂数据的有效性

关于正则表达式的使用请参考本书的参考文献。

实验十　帧及其操作

一、预备知识

在网页设计中,框架(Frame)通常用于页面布局。帧(Frame)可以用来将浏览器窗口划分为多个区域(子窗口),每个子窗口中装载一个 HTML 文件。即每个 HTML 文件占据一个帧,而多个帧可以同时显示在同一个浏览器窗口中,通过编程可以实现页面之间的控制。

二、实验目的

1. 掌握帧的使用,学习通过程序改变帧的大小。
2. 学习不同页面之间的数据传送表单数据的有效性验证方法。

三、实验环境

1. Windows 计算机,任意的文本编辑器或 FrontPage 工具。

2. Web 浏览器，例如 IE、遨游(Maxthon)、Firefox 等。

四、实验内容

1. 设计一个框架网页，一个帧中显示一个表单页面，另一帧显示表单输入数据。
2. 编程来控制帧的大小。

页面设计如图 6-15 所示。

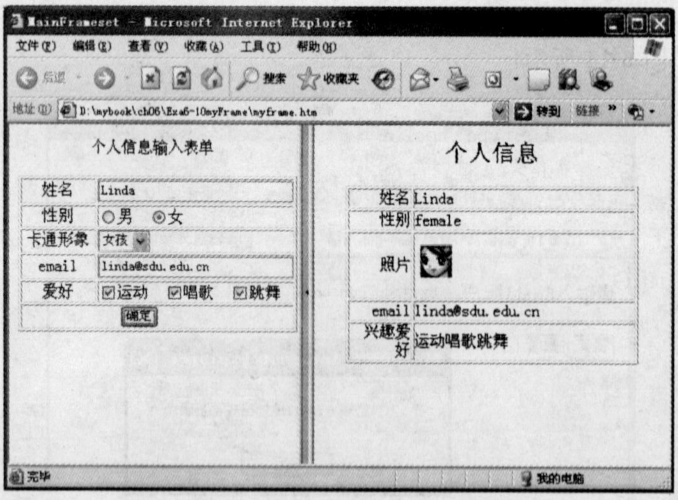

图 6-15 框架网页及其控制页面

五、知识要点

本实验涉及的知识点和技能点有：window 对象，document 对象，框架(frame)操作，<body>标记 onclick 事件属性，表单(form)数据的处理。

六、实验步骤

1. 框架设计

根据图所示的框架网页，页面包含三个帧，左边帧显示表单，中间帧控制左边帧的显示与关闭，右侧帧显示表单输入。

利用 FrontPage 工具，在 D:\mybook\ch06 文件夹中新建子文件夹 exa6-10，在其中新建一个主框架文件 myframe.htm，定义各个框架。

参考代码：

```
<html>
<head>
<meta HTTP-EQUIV="Content-Type" CONTENT="text/html; charset=gb2312">
<title>MainFrameset</title>
</head>
<frameset id="frames02" cols="300,10,*" >
  <frame name="frameA" scrolling="no" noresize src="1.htm">
  <frame name="leftctrl" scrolling="no" noresize src="left_scroll.html">
```

```
  <frame name="frameB" scrolling="no" noresize src="2.htm">
</frameset>
</html>
```

2.各页面设计

根据主框架设计，左侧帧（frameA）显示表单页面（1.htm），中间帧（leftctrl）用于控制 frameA 是否显示，实现页面为 left_scroll.html，右侧帧（frameB）显示表单输入数据显示页面（2.htm），下面是参考代码：

（1）中间帧（leftctrl）显示页面 left_scroll.html 代码清单

```
<html>
<head>
<meta http-equiv="Content-Type" content="text/html; charset=gb2312">
<title>左边栏控制条</title>
<script language="JavaScript">
 var tt=1;
 function ctrl_left()
 {
   if (tt==1)
   {
      window.parent.frames02.cols="0,10,*";
      lrarrow.src="images/toctrlleft01.gif";
      tt=0;
   }
   else
   { window.parent.frames02.cols="300,10,*";
      lrarrow.src="images/toctrlleft02.gif";
      tt=1;
   }
 }
</script>
</head>
<body style="margin:0px;cursor:hand" onClick="ctrl_left()">
<table height="100%" width="20" border="0" cellspacing="0" bordercolor="#CCAA00" bg-
color="#C0C0E0">
   <tr>
      <td width="10" align="center">
            <img id="lrarrow" src="images/toctrlleft02.gif">
      </td>
   </tr>
</table>
</body>
</html>
```

（2）左侧帧（frameA）显示页面 1.htm 代码清单

```
<html>
```

```
< head >
< meta http-equiv="Content-Type" content="text/html; charset=gb2312">
< title >个人信息输入表单</title >
< script src="myimage.js"> </script >
< script >
////////////////////////////////////////////////////////////////////////////////
// 返回单选钮的值
function getRadioValue()
{
    var val="";
    for(j=0;j < document.all.myform.sex.length;j++)
        if(document.all.myform.sex[j].checked)
            val = document.all.myform.sex[j].value;
    return val;
}
////////////////////////////////////////////////////////////////////////////////
// 返回复选框的值
function getCheckbox(obj)
{
  if(obj.checked)
    return obj.myValue; // myValue 为用户自定义的属性
}
////////////////////////////////////////////////////////////////////////////////
// 获取一组 checkbox 的输入,通过用户自定义的属性 myType 对表单元素分组,
// 通过用户自定义属性 myValue 存储元素的一个值
function getAllCheckbox(theForm)
{
    var str="";
    var field = theForm.elements;      // 将表单中的所有元素放入数组
    for(var i = 0; i < field.length; i++)
        if (field[i].myType == "interest")
            if(field[i].checked)
                str +=field[i].myValue; // myValue 为用户自定义的属性
  return str;
}
////////////////////////////////////////////////////////////////////////////////
// 返回列表中选择的项的序号
function getSelect(obj)
{
  var s="";
  if(obj! =null)
    for(var i=0;i < obj.options.length;i++)
        if(obj.options[i].selected)
```

```
            return s+i;
    }
    ////////////////////////////////////////////////////////////////////////////////////////////
    // 在 frameB 帧显示一幅图片
    function showImg(i)
    {
        switch(i)
        {
        case "0":
            parent.frameB.document.all.cartonImg.src = imageBoy.src;
            break;
        case "1":
            parent.frameB.document.all.cartonImg.src = imageGirl.src;
            break;
        }
    }
    ////////////////////////////////////////////////////////////////////////////////////////////
    // 根据表单输入,在 frameB 帧显示输入数据
    function fillTable()
    {
        parent.frameB.document.all.dataTable.rows(0).cells(1).innerHTML = document.myform.
name.value;
        parent.frameB.document.all.dataTable.rows(1).cells(1).innerHTML = getRadioValue();

        var sel=getSelect(document.myform.carton);
        showImg(sel);
        parent.frameB.document.all.dataTable.rows(3).cells(1).innerHTML = document.myform.
email.value;
        var interestStr=getAllCheckbox(document.myform);
        parent.frameB.document.all.dataTable.rows(4).cells(1).innerHTML = interestStr;
    }
    </script>
    </head>
    <body>
    <p align="center">个人信息输入表单</p>
    <form name="myform" >
    <div align="center">
    <table id="inputTable" border="1" cellpadding="0" width="288">
        <tr>
          <td width="76" align="center">姓名</td>
          <td width="192">
              <input type="text" name="name" size="27" myType="text">
          </td>
```

```
      </tr>
      <tr>
        <td width="76" align="center">性别</td>
        <td width="192">
          <input type="radio" name="sex" value="male" checked>男  
          <input type="radio" name="sex" value="female">女</td>
      </tr>
      <tr>
        <td width="76" align="center">卡通形象</td>
        <td width="192">
          <select size="1" name="carton">
            <option>男孩</option>
            <option>女孩</option>
          </select>
       </td>
      </tr>
      <tr>
        <td width="76" align="center" myType="email"> email</td>
        <td width="192"><input type="text" name="email" size="27"></td>
      </tr>
      <tr>
        <td width="76" align="center">爱好</td>
        <td width="192">
          <input type="checkbox" name="C1" value="ON" myType = "interest" myValue="
运动">运动
          <input type="checkbox" name="C2" value="ON" myType = "interest" myValue="
唱歌">唱歌
          <input type="checkbox" name="C3" value="ON" myType = "interest" myValue="
跳舞">跳舞
  </td>
      </tr>
      <tr>
        <td width="244" align="center" colspan="2">
        <input type="button" value="确定" name="B1" onclick="fillTable()">
        </td>
      </tr>
  </table>
  </div>
  </form>
  </body>
  </html>
```

(3)右侧帧(frameB)显示页面 2.htm 代码清单

```
<html>
```

```
<head>
<meta http-equiv="Content-Type" content="text/html; charset=gb2312">
<title>个人信息</title>
<script language="JavaScript" src="myimage.js">
</script>
</head>
<body>
<p align="center"><font size="5">个人信息</font></p>
<div align="center">
<table id="dataTable" border="1" cellpadding="0" width="300" height="151">
   <tr>
      <td width="80" align="right" height="16">姓名</td>
      <td width="300" height="16"></td>
   </tr>
   <tr>
      <td width="80" align="right" height="16">性别</td>
      <td width="300" height="16"></td>
   </tr>
   <tr>
      <td width="80" align="right" height="67">照片</td>
      <td width="300" height="67" valign="middle" align="center">
         <img border="0" name="cartonImg" src="girl.gif" align="left" width="42" height="44">
      </td>
   </tr>
   <tr>
      <td width="80" align="right" height="16">email</td>
      <td width="300" height="16"></td>
   </tr>
   <tr>
      <td width="80" align="right" height="16">兴趣爱好</td>
      <td width="300" height="16"></td>
   </tr>
</table>
</div>
</body>
</html>
```

在上面的关于表单数据的获取中，对于多个复选框，本实验通过自定义标记属性来对输入控件进行分组，这是一种有效的获得多个输入域输入数据的方法，和实验九采用的方法不同，其目的是让大家掌握更多的方法，提高大家的编程能力。

第 7 章　服务端开发实验

在 B/S 三层结构下，一个 Web 应用，其程序可以分为两个方面：一是运行于客户端的客户端脚本程序，另一方面就是在服务器上运行的服务器脚本程序。不仅两者的运行环境不同，两者的功能往往也不相同，客户端程序通常完成数据的输入，数据的有效性验证，以及产生页面的动态效果，提高浏览者的用户体验，服务器脚本程序则通常负责数据的管理。

在 Web 服务器端，不同的 Web 服务器组件，其编程语言和开发工具也不相同，可运行的脚本程序不同。在当今的 Web 应用开发中，Java 技术以其平台无关性受到了开发人员的欢迎。作为 Java 技术中 Servlet 和 JavaBean 的容器，Tomcat 应用服务器是目前应用最广泛的 Web 服务器组件，它可以安装在 Windows 操作系统、Linux 等不同的操作系统上，具有更好的适应性。本章将以 Tomcat 作为 Web 服务器，进行 Web 服务端 JSP 程序的设计和调试。

实验一　Web 服务器实验环境的配置

一、预备知识

基于 Web 的浏览器/服务器(B/S)三层体系结构可以定义为：客户机层上的表示层、中间的 Web 服务器层和后端的数据库服务器层，体系结构如图 7-1 所示。

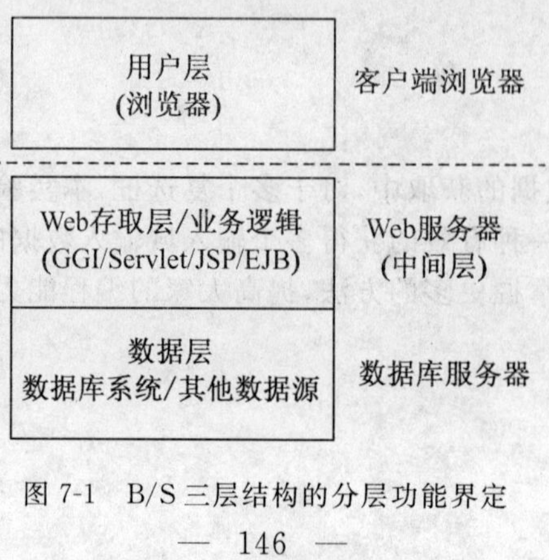

图 7-1　B/S 三层结构的分层功能界定

在B/S三层体系结构模式下，客户端只需要安装Web浏览器，中间层是一种存取层，部署在用户的服务器，由一系列的服务器脚本程序构成，来完成用户的业务逻辑，并和数据库服务器协作，来完成应用的数据组织和管理工作。

二、实验目的

1. 深入理解B/S三层结构Web服务器层和数据库服务器层的功能。
2. 学习Windows环境下Tomcat应用服务器简单配置。

三、实验环境

1. 局域网环境，一台Windows Server 2003服务器，若干普通的可上网的计算机。
2. 也可以利用VMware Workstation虚拟机环境。

四、实验内容

1. 修改Tomcat主配置文件server.xml，设置虚拟目录。
2. 编写一个简单的包含JSP服务器脚本程序的网页，试验服务器脚本程序的运行。

五、知识要点

本实验涉及的知识点和技能点有：Tomcat应用服务器的运行，JSP脚本程序定界符<%,%>，运行包含JSP脚本程序的网页。

六、实验步骤

1.修改Tomcat默认主目录

为了本章的练习，我们创建一个虚拟目录，指向物理目录D:\mybook，在该目录下新建文件夹ch07，存储本章的实验网页。

在Tomcat 6的安装路径下，用Windows中的“写字板”程序打开conf/server.xml文件，在文件尾部，添加下列元素：

```
< Context path="" docBase="d:\mybook" />
```

这样，Tomcat将把D:\mybook作为默认站点主目录，同样的方法可以设置虚拟目录，例如，添加< Context path="hao" docBase="D:\MyJsp" />，则创建一个虚拟目录，指向物理目录D:\MyJsp，修改后的server.xml文件如图7-2所示。

修改完毕后，在任务栏中右单击Tomcat图标，选择“Shutdown：Tomcat 6”命令，关闭Tomcat。然后在“开始”菜单中重新启动Tomcat，尝试运行用户Web应用。

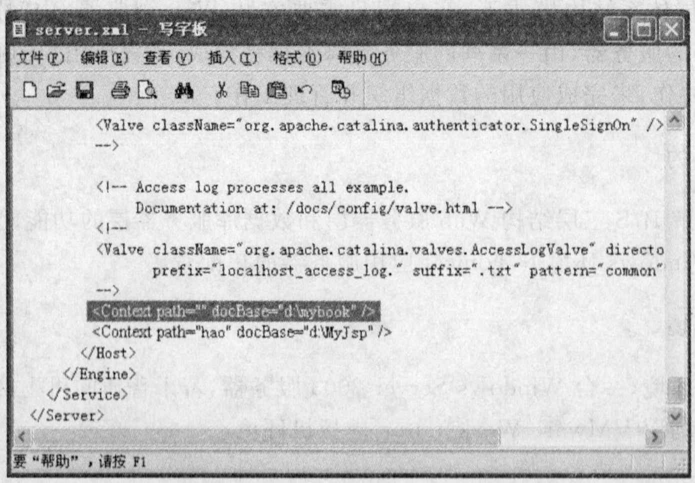

图 7-2　新建网页 HTML 文档内容框架

2. 编写一个简单的首页 jsp 文件

在 D:\mybook 文件夹中，用 Windows"记事本"程序或"写字板"程序，编写首页文件 index. jsp，来验证 Tomcat 服务器的配置是否成功。

index. jsp 代码清单如下：

```
<%@ page contentType="text/html;charset=gb2312"%>
<html>
<head>
<title>Hello,JSP</title>
<%!
String datestr="";
%>
</head>
<body>
<% out.println("你好，JSP!"); %><br>
<%
    java.text.DateFormat df = new java.text.SimpleDateFormat("yyyy-MM-dd HH:mm");
    java.util.Date nowdate = new java.util.Date();
    datestr = df.format(nowdate);
    datestr = datestr.substring(0,16);
%>
 现在的时间是：
 <%=datestr %>
</body>
</html>
```

运行浏览器程序，在地址栏内输入：http://127.0.0.1/，回车，显示如图 7-3 所示。

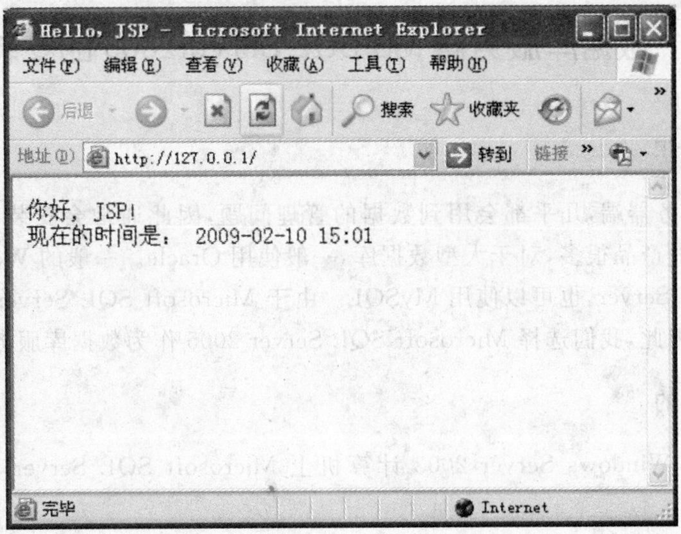

图 7-3　Web 应用 jsp 首页测试

从上面的结果可以看出，Tomcat 成功的运行了包含服务端脚本程序的网页，即 Tomcat 服务器的配置一切正常。

在浏览器“查看”菜单下，可以看到该网页的源文件，如图 7-4 所示。

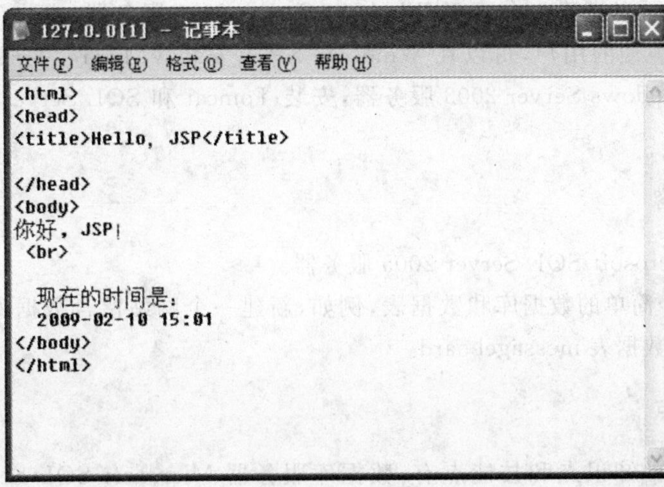

图 7-4　JSP 网页执行后传送到客户端的 HTML 内容

图 7-4 所示的代码，即是 Web 服务器传送到客户浏览器的页面内容，可见，它是 index.jsp 执行后的结果，这就进一步理解了服务器脚本程序和客户端脚本程序的不同。

实验二　数据库服务器 MS SQL Server2005 的安装与配置

一、预备知识

在 Web 服务器端，几乎都会用到数据的管理问题，因此通常会安装数据库服务器。数据库服务器的产品很多，对于大型数据库，一般使用 Oracle。一般的 Web 应用，可使用 Microsoft SQL Server，也可以使用 MySQL。由于 Microsoft SQL Server 具有图形化界面，操作简单，因此，我们选择 Microsoft SQL Server 2005 作为数据库服务器。

二、实验目的

1. 学习在 Windows Server 2003 计算机上 Microsoft SQL Server 2005 服务器的安装。

2. 学习简单的数据库操作，例如创建数据库和数据表。

三、实验环境

对于 Microsoft SQL Server 2005 数据库服务器，必须安装在 WindowsSrevr 计算机上，他不能够安装在 Windows XP 等桌面计算机上，这给我们的实验可能带来一些不便。有条件的实验室可以搭建一台真正 Windows Server 2003 服务器，安装 Tomcat 和 SQL Server。条件不方便的用户，可以在 Windows XP 上安装 VMware Workstation 虚拟机环境，来配置 Windows Server 2003 服务器，安装 Tomcat 和 SQL Server，构成一个虚拟实验环境。

四、实验内容

1. 安装 Microsoft SQL Server 2005 服务器。

2. 创建一个简单的数据库和数据表，例如，新建一个网站留言数据库 gsl_messageboard，包含一个数据表 messageboard。

五、知识要点

本实验涉及的知识点和技能点有：数据库服务器 Microsoft SQL Server 2005 的安装，新建数据库，新建数据表。

六、实验步骤

下面以在 Windows Server 2003 服务器上为例，介绍 Microsoft SQL Server 2005 数据库服务器的安装过程。

1. 数据库服务器 Microsoft SQL Server 2005 的安装

将 Microsoft SQL Server 2005 系统光盘放入光驱，执行 Microsoft SQL Server 2005 安装程序，如图 7-5 所示。

图 7-5　安装 Microsoft SQL Server 2005

单击“服务器组件、工具、联机丛书和示例”超链接，安装程序显示用户许可协议界面、然后显示安装 SQL Server 所需要的组件界面，如图 7-6 所示。

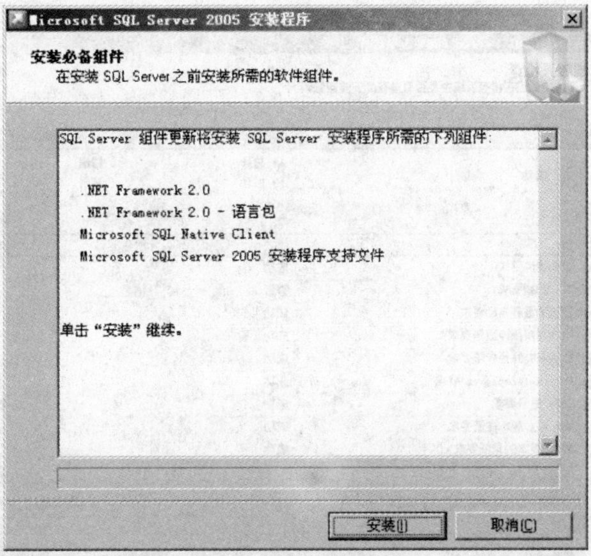

图 7-6　安装 SQL Server 所需要的组件

单击“安装”按钮，开始安装 SQL Server 所需要的组件，安装完成后显示“下一步”按钮，单击，安装程序开始 Microsoft SQL Server 的安装，如图 7-7 所示。

单击“下一步”按钮，“Microsoft SQL Server 的安装向导”进行计算机配置检测，来决定是否可以安装，需要说明的是安装 Windows XP 等操作系统的个人计算机不能安装 Microsoft SQL Server2005。检测界面如图 7-8 所示。

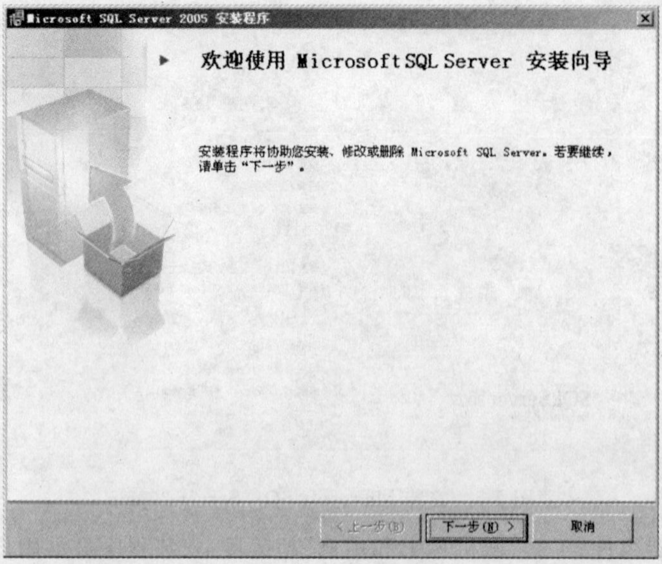

图 7-7　Microsoft SQL Server 的安装向导

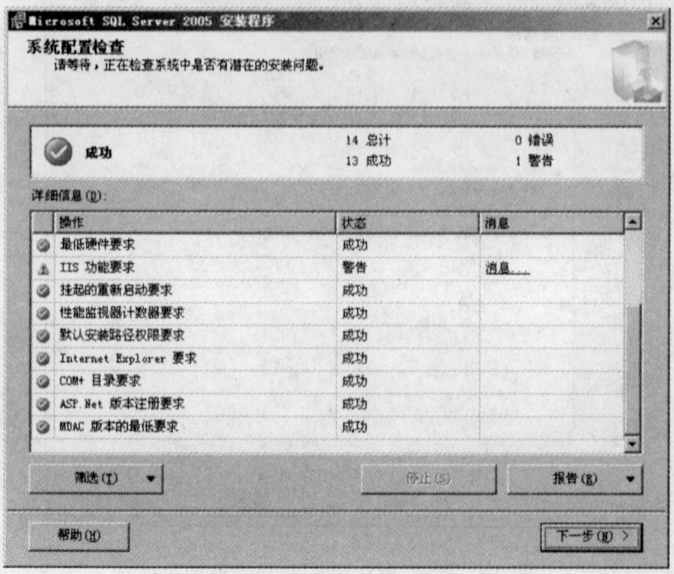

图 7-8　检测系统配置界面

系统配置检测通过后，单击“下一步”按钮，继续安装，然后显示注册信息界面，输入姓名、公司和产品 ID 号，输入结束后，显示要安装的组件选择界面，如图 7-9 所示。

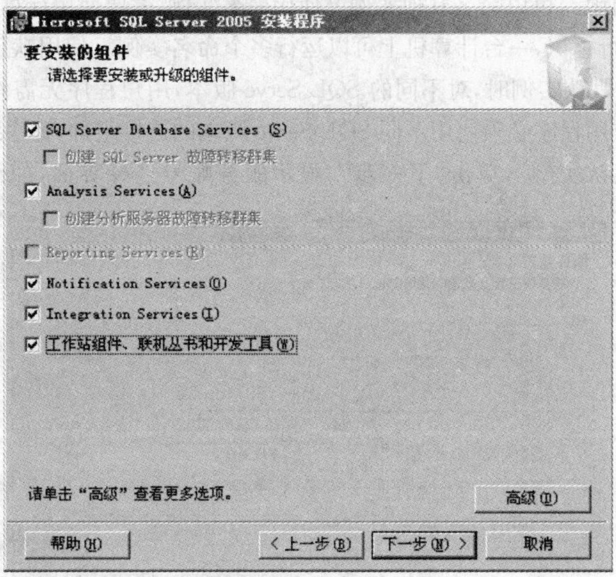

图 7-9　要安装的组件列表

将上述组件全部核选，然后单击“下一步”，显示实例名选择界面，如图 7-10 所示。

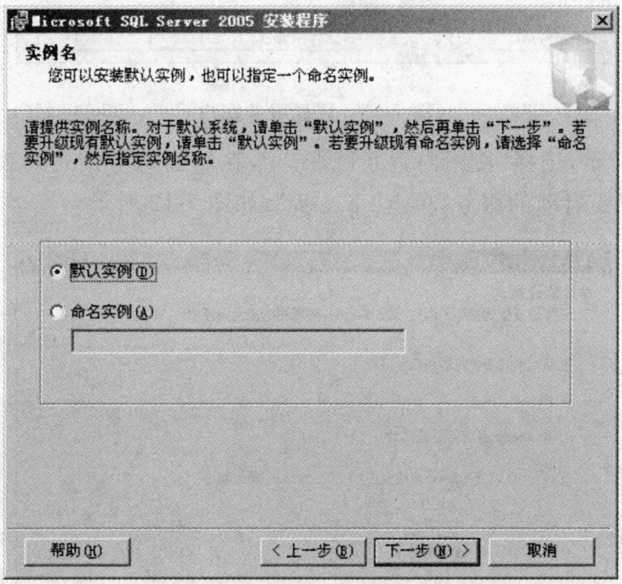

图 7-10　安装 SQL Servers 实例

所谓实例，简单地讲就是在同一台机器上可以装几个 SQL Server 数据库引擎（数据服务器）。默认实例是用计算机在网络上的名字来命名的实例。如果应用程序在请求连接 SQL Server 时只指定了计算机名，则 SQL Server 客户端组件将尝试连接这台计算机上的数据库引擎默认实例。一台计算机上只能有一个默认实例，而默认实例可以是 SQL Server 的任何版本。

在有了默认实例后，可以命名其他实例。使用命名实例，需要使用计算机在网络上的名字加上实例名字来进行标识，一台计算机上可以运行多个命名实例。使用默认实例，应用程序连接到 SQL Server 的默认实例时，对不同的 SQL Serve 版本，用户程序无需修改。但是，要连接到命名实例，客户应用程序必须使用不同 SQL Serve 版本的连接组件，程序维护麻烦。

为此，选择“默认实例”，单击“下一步”，显示服务账号选择界面，如图 7-11 所示。

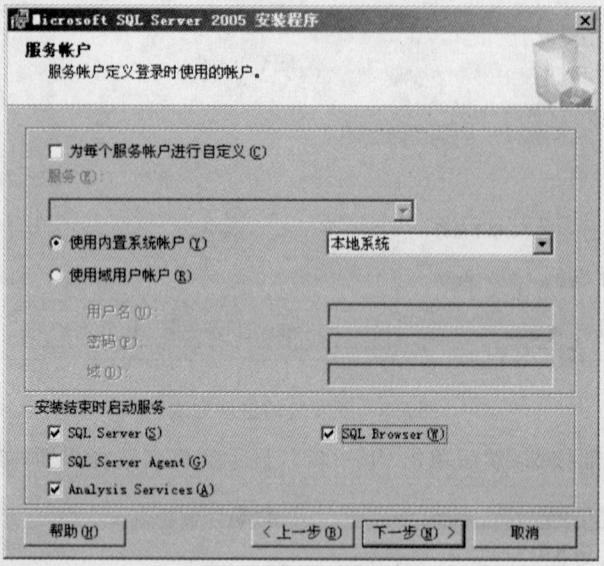

图 7-11　选择服务账户

按照图 7-11 所示，选择“使用内置系统账户”，在后面的下拉式列表中，选择“本地系统”，然后选择系统要启动的服务，单击“下一步”，如图 7-12 所示。

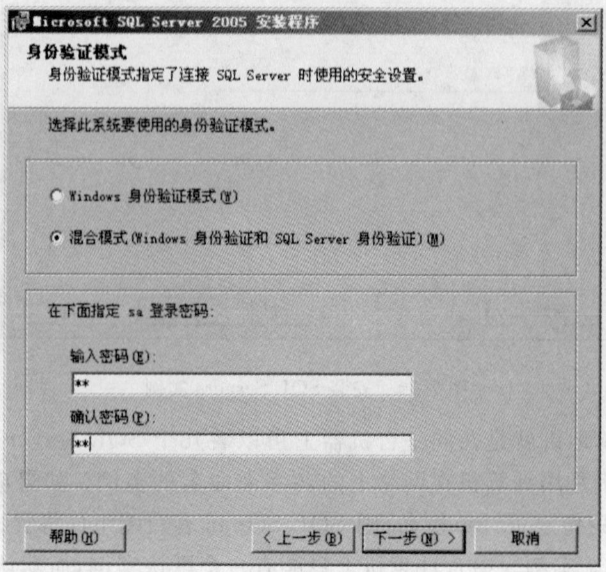

图 7-12　选择身份验证模式

当用户通过程序访问数据库和操作数据库时，首先应建立和数据库的链接，每一次到数据库服务器的链接，都需要有效的账户和密码，按照如图 7-12 所示，选择“混合模式”身份验证，并在下面指定默认账号 sa 的密码，例如：密码为 sa。

单击“下一步”，依次显示“排序规则设置”、“显示错误和使用情况报告设置”，按照向导提示操作，然后显示“准备安装”界面，如图 7-13 所示。

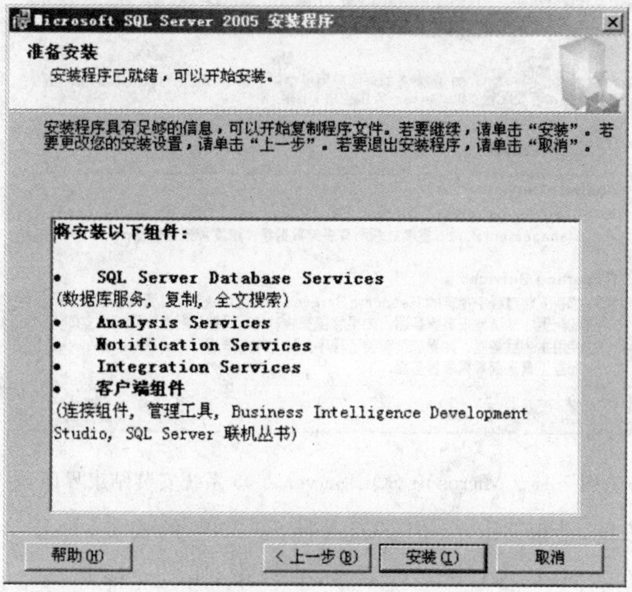

图 7-13　要安装的组件列表

单击“安装”按钮，开始安装并配置所选择的安装组件，如图 7-14 所示。

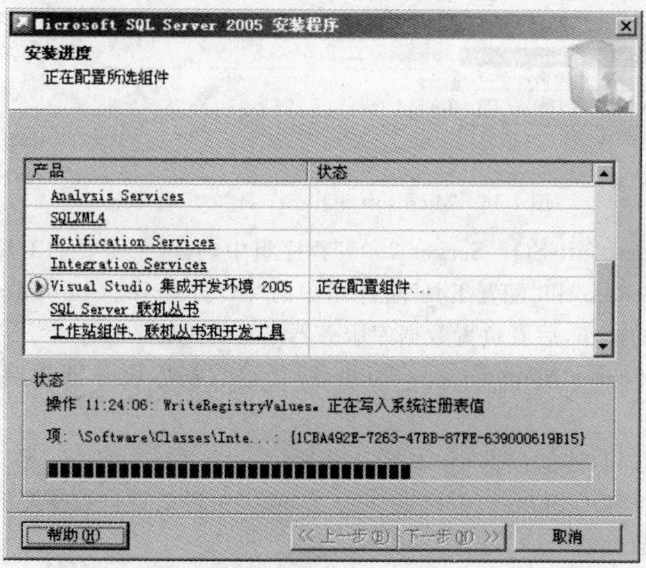

图 7-14　安装并配置组件

根据安装选项的不同，安装过程会提示插入第 2 张 CD 的提示，按照系统提示操作，最后完成系统安装，如图 7-15 所示。

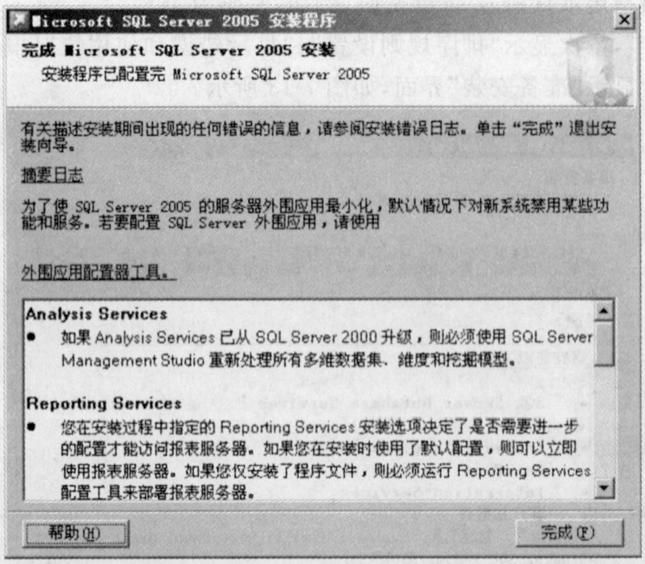

图 7-15　Microsoft SQL Server 2005 系统安装结束界面

单击“完成”按钮，结束 Microsoft SQL Server 2005 的安装，打开 Windows“开始”菜单，显示创建的“Microsoft SQL Server 2005”程序组，如图 7-16 所示。

图 7-16　Microsoft SQL Server 2005 程序组

在安装的“Microsoft SQL Server 2005”程序组中，有两个重要的工具，即“SQL Server Management Studio”和“配置工具”程序组中的“SQL Server Configuration Manager”，前者完成数据库的操作，后者负责数据库服务器本身的配置。

执行“SQL Server Management Studio”，显示数据库服务器连接界面，如图 7-17 所示。

单击“链接”按钮，连接数据库，如图 7-18 所示。

在“Microsoft SQL Server Management Studio”中可以进行数据库的操作，包括创建数据库、数据表，数据的维护等操作。

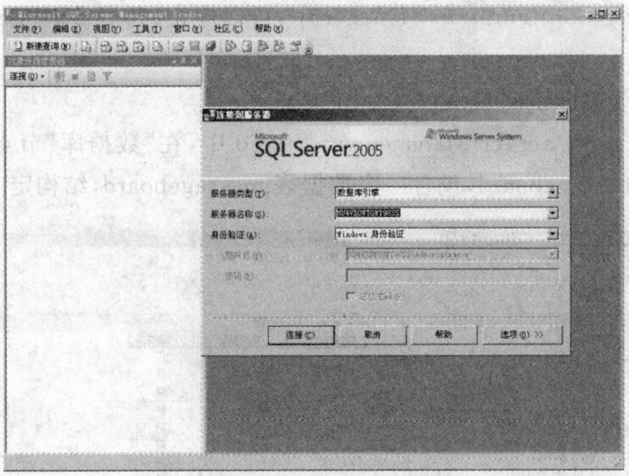

图 7-17　连接到 SQL Server 服务器界面

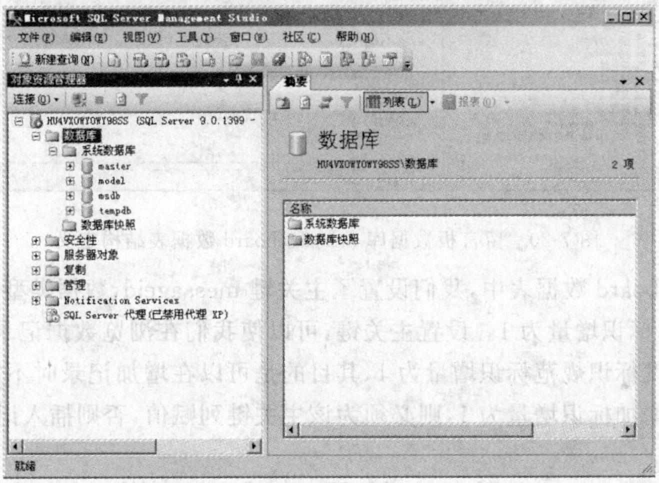

图 7-18　SQL Microsoft Server Management Studio

执行“SQL Server Configuration Manager”程序，如图 7-19 所示。

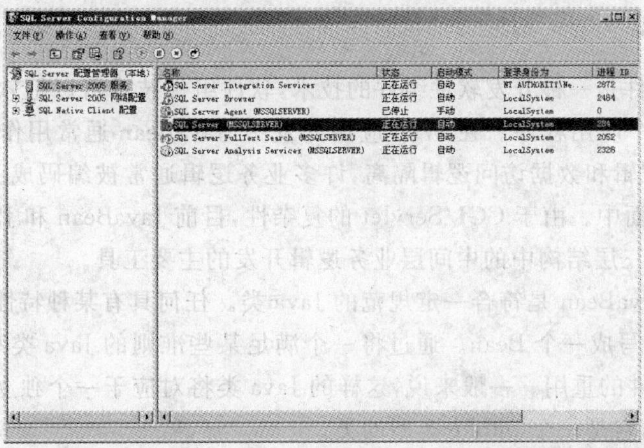

图 7-19　SQL Server Configuration Manager 界面

在 SQL Server Configuration Manager 中,可以停止、开启 SQL Server 等服务,来完成数据库的维护。

2. 新建数据库 gsl_messageboard

在 SQL Microsoft Server Management Studio 中,在“数据库”节点上,右单击,可以新建数据库 gsl_messageboard,包含一个数据表 messageboard,结构定义如图 7-20 所示。

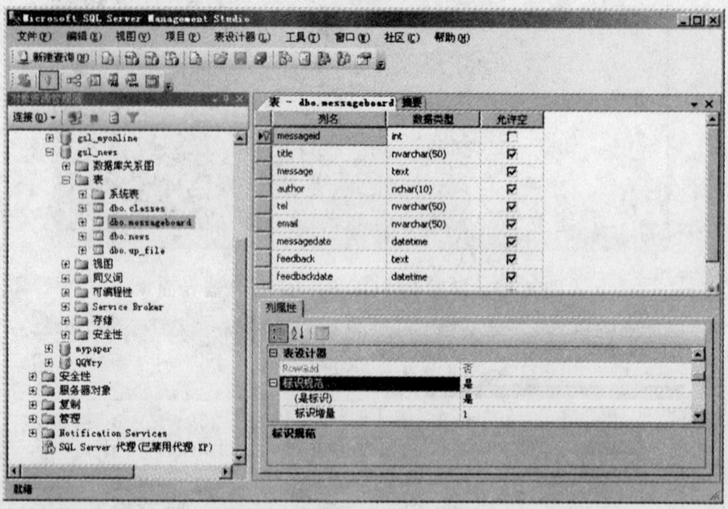

图 7-20　留言板数据库 messageboard 数据表结构定义

在 messageboard 数据表中,我们设置了主关键 messageid,数据类型为 int,并且设标识别规范为:是,标识增量为 1。设置主关键,可以使我们在浏览数据记录时,可以直接删除记录。同时,设标识规范标识增量为 1,其目的是可以在增加记录时不需要为该主关键列赋值,如果不增加标识增量为 1,则必须为该主关键列赋值,否则插入记录会失败。

实验三　编写 JavaBean 类

一、预备知识

JavaBean 组件是一种开发软件组件的技术,软件组件技术可以把软件功能作为一个组件来组装成一个应用程序。在 Web 应用开发中,JavaBean 通常用作中间“商业逻辑”层,用于将表示逻辑和数据访问逻辑隔离,许多业务逻辑通常被编码成 JavaBean,而不是直接写在 JSP 页面中。由于 CGI/Servlet 的复杂性,目前 JavaBean 和 JSP 技术已经成为 Web 应用服务器三层结构中的中间层业务逻辑开发的主要工具。

简单地讲,JavaBean 是符合一定规范的 Java 类。任何具有某种特性和事件接口约定的 Java 类都可以写成一个 Bean。通过将一个满足某些准则的 Java 类写成 JavaBean,可以有效地实施软件的重用。一般来说,这样的 Java 类将对应于一个独立的. java 文件,在绝大多数情况下,它是一个 public 类型的类。

二、实验目的

1. 学习 JavaBean 的编写和编译。

2. 学习在 JSP 中调用 JavaBean 的方法。

三、实验环境

1. 配置了 Java 和 Tomcat 的 Web 服务器。

2. 文本编辑器，或其他 Java 开发环境，如 NetNeans，MyEclipse 等集成环境。

四、实验内容

1. 在 D:\mybook 下建立 Web 应用所需要的目录结构，即保存所需要类的 WEB-INF 文件夹结构。

2. 编写一个 JavaBean，来处理日期和时间，对该类进行编译。

3. 编写一个测试 jsp 页面，在其中调用上述 JavaBean。

五、知识要点

本实验涉及的知识点和技能点有：JavaBean 的定义，编译，JSP 中调用 JavaBean 的方法。

六、实验步骤

1. Web 应用 WEB-INF 文件夹

在 Tomcat 中，每一个 Web 应用，主目录下往往都包含一个 WEB-INF 目录，用于放置一些配置文件与不希望外部程序访问的隐私文件，在网络上是不允许访问该文件夹的。在 WEB-INF 目录下有一个 Web 应用部署文件 web. xml，对当前应用程序进行相关设置，如设置 Web 应用的默认首页文件等。

在 WEB-INF 目录下还可以建 classes 和 lib 子目录。classes 目录用于放置 Web 应用程序所需调用的类，如 JavaBean。在运行过程中，Tomcat 类装载器先装载 classes 目录下的类，再装载 lib 目录下的类。如果两个目录下存在同名的类，classes 目录下的类具有优先权。lib 目录主要是放置需要引入的 jar 文件，应用程序导入的包先从这里开始寻找，其次到容器的全局路径下 $ TOMCAT_HOME/lib 下寻找。

在 D:\mybook 文件夹中，新建文件夹 WEB-INF，在该文件夹下，建立两个子文件夹 classes 和 lib。其中，classes 用于存储用户定义的 Java 类，这些类可以通过定一在不同的包中，来方便管理。例如，建立一个子文件夹 pub，来存储一些公用的类。

注意：当修改了 Web 应用的目录结构后，需要重新启动 Tomcat。

2. 编写一个日期时间处理的 JavaBean

在 D:\mybook\WEB-INF\classes\pub 下新建一个文本文件 mytime. java，定义关于时间的类，

代码如下：

```
package pub;
public class mytime
{
    public String getTime() {
        String datestr =  "" ;
        try {
            java.text.DateFormat df = new java.text.SimpleDateFormat("yyyy-MM-dd HH:mm") ;
            java.util.Date nowdate = new java.util.Date() ;
            datestr = df.format(nowdate) ;
        }
        catch (Exception ex) {
        }
        return datestr ;
    }
    public String getcurrenttime(){
        String curtime="";
        try{
            java.text.DateFormat jd=new java.text.SimpleDateFormat("HH:mm:ss");
            java.util.Date ud=new java.util.Date();
            curtime=jd.format(ud);
        }
        catch(Exception ex){
        }
        return curtime;
    }
}
```

对上述 JavaBean 编译,步骤如图 7-21 所示。

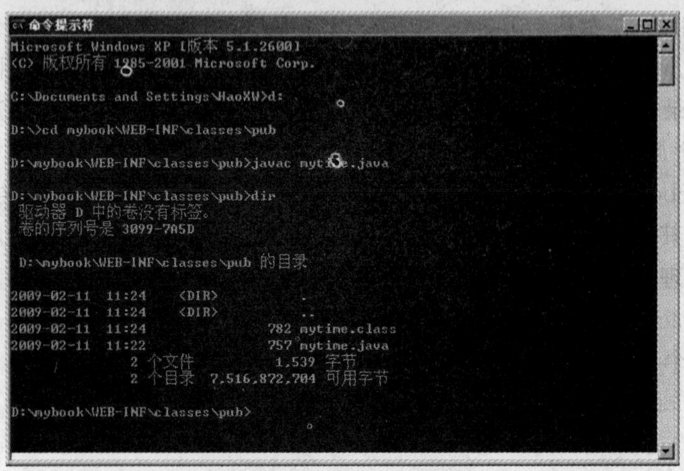

图 7-21 JavaBean 的编译

当 JavaBean 编译完成后，在 pub 包中生成 mytime. class 文件，这样就可以在 JSP 中使用了。

3. 在 JSP 中使用 JavaBean

在 JSP 中调用 JavaBean 很简单，下面代码演示了 JavaBean 在一个 JSP 文档中的使用，文件名为 testjb. jsp，代码清单如下：

```
<%@ page contentType="text/html;charset=GBK" %>
<%@ page language="java" %>
<jsp:useBean id="workT" scope="page" class="pub.mytime"/>
<html>
<body>
<%
String time_login="";
time_login=workT.getTime();
%>
<b><font color="#0000FF">在 JSP 中使用 JavaBean 示例</font></b>
<p><font color="#0000FF" size="3">当前时间:</font>
</p>
<%=time_login.substring(0,16)%>
<br>
</body>
</html>
```

在上述的 jsp 页面中，调用了一个 JavaBean，即 cards. NameCard。将上述 jsp 文档保存到 Web 应用的主目录下，然后在浏览器地址栏中输入：http://127. 0. 0. 1/testjb. jsp，则浏览器将显示运行结果，如图 7-22 所示。

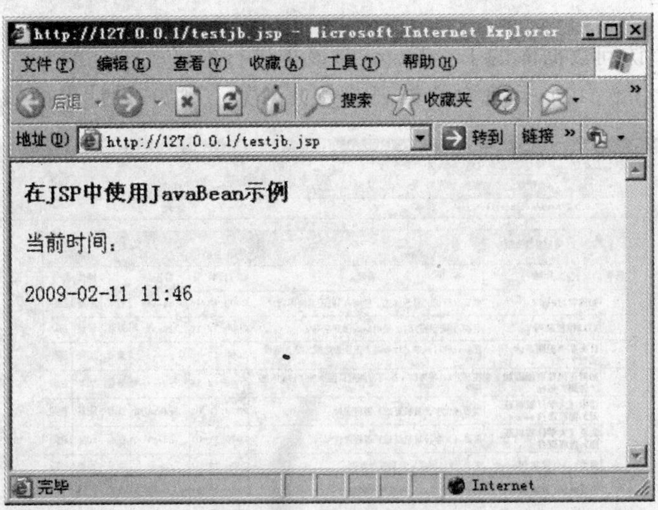

图 7-22　包含 JavaBean 的 jsp 文件显示界面

在第一次下载该页面时，需要进行编译，速度较慢，以后下载改页面时将不再编译，因此，页面打开速度较快。

实验四　在 JSP 中访问数据库

一、预备知识

在 Web 应用中,几乎都使用到了数据库来存储和管理系统数据。Java 中连接数据库的技术是 JDBC(Java Database Connectivity),通过 java. sql 包中的类、接口和异常事件,可以对数据库进行操作。java. sql 包定义了访问数据库的接口和类,但是 JDBC API 不能直接访问数据库,必须依赖于数据库厂商提供的针对其具体的数据库产品的 JDBC 驱动程序。

大多数的数据库管理系统都带有和 Java 相配的 JDBC 驱动程序,Java 程序通过 JDBC 驱动程序即可实现与数据库的相连,执行查询、提取数据等操作。使得 Java 程序能访问诸如 Oracle、Sybase、MS SQL Server、MS Access 和 MySQL 等数据库。要使用某种数据库管理系统,必须下载相应的 JDBC 数据库驱动程序,并复制到用户系统相应的文件夹中,即:用户系统根目录\WEB-INF\lib\。

二、实验目的

1. 学习使用 JavaBean 访问 SQL Server2005 数据库。
2. 学习在 JSP 页面中,对数据库数据表的浏览操作。

三、实验环境

1. 配置了 Java 和 Tomcat 的 Web 服务器。
2. 文本编辑器,或其他 Java 开发环境,如 NetNeans,MyEclipse 等集成环境。

四、实验内容

1. 编写一个访问数据库的 JavaBean,对该类进行编译。
2. 编写一个 jsp 页面,实现对数据表的分页浏览。例如,设计界面如图 7-23 所示。

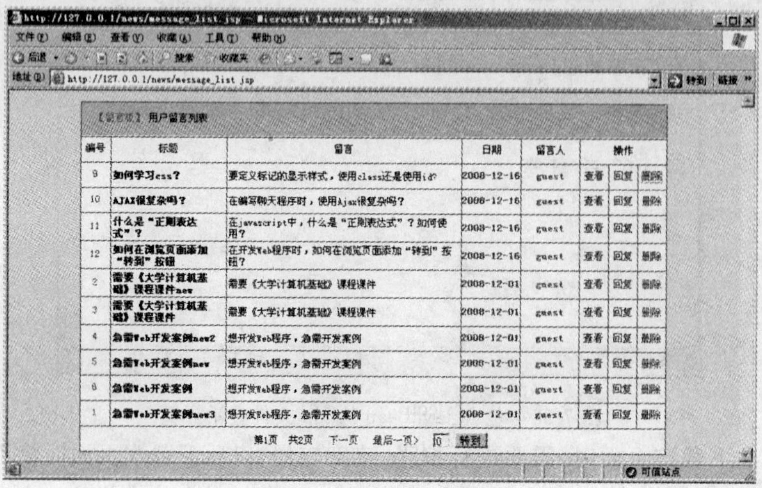

图 7-23　数据库浏览列表界面

五、知识要点

本实验涉及的知识点和技能点有：JavaBean 的定义，编译，JSP 中调用 JavaBean 的方法，数据库操作。

六、实验步骤

1. 编写 JavaBean

在 D:\mybook\WEB-INF\classes\pub 文件夹下，新建 db_messageboard. java 文件，编写数据库访问 JavaBean，假设要访问的数据库是在实验二中所建数据库 gsl_messageboard，代码清单如下：

```
package pub;
import java.sql.*;
public class db_messageboard
{
  String sDBDriver="com.microsoft.sqlserver.jdbc.SQLServerDriver";
  String sConnStr="jdbc:sqlserver://localhost:1433;DatabaseName=gsl_messageboard";
  String strUser = "sa";
  String strPassword = "sa";
  Connection conn = null;
  public ResultSet rs = null;
  private java.sql.Statement stmt = null;
  //定义类的默认构造函数，加载数据库驱动程序
  public db_messageboard()
  {
    try { //加载数据库驱动程序(Microsoft SQL Server 2005)
      Class.forName(sDBDriver).newInstance();
    }
    catch (Exception e)
    {
      System.err.println("db_gsl_messageboard(): " + e.getMessage());
    }
  }
  //定义类的查询方法
  public ResultSet executeQuery(String sql)
  {
    rs = null;
    try {
      conn = DriverManager.getConnection(sConnStr, strUser, strPassword);
      Statement stmt = conn.createStatement(ResultSet.TYPE_SCROLL_INSENSITIVE,
ResultSet.CONCUR_READ_ONLY);
      rs = stmt.executeQuery(sql);
```

```
    }
  catch(SQLException ex)
    {
        System.err.println("aq.executeQuery: " + ex.getMessage());
    }
    return rs;
  }
  // 定义类的更新数据记录方法
  public int executeUpdate(String sql)
  {
    int returnVal = -999;
    try {
        conn = DriverManager.getConnection(sConnStr, strUser, strPassword);
        Statement stmt = conn.createStatement(ResultSet.TYPE_SCROLL_SENSITIVE,
                                              ResultSet.CONCUR_UPDATABLE);
        returnVal = stmt.executeUpdate(sql);
     }
     catch(SQLException ex)
     {
        System.err.println("aq.executeUpdate: " + ex.getMessage());
     }
      return returnVal;
  }
  // 定义类的断开数据库方法
  public void disconnectToDB() throws java.sql.SQLException
  {
      if(rs! =null)
  {
      rs.close();
      rs = null;
    }
      if(stmt! =null)
      {
       stmt.close();
       stmt = null;
      }
      if(conn! =null)
      {
       conn.close();
       conn = null;
      }
    }
```

```
}
```

使用 javac 命令编译该 JavaBean。

2. 数据库数据表分页浏览 jsp 程序

在 D:\mybook 下新建文件 testdb. jsp，代码清单如下：

```
<%@ page contentType="text/html;charset=GBK" %>
<%@ page import="java. sql. * "%>
<%@ page import="java. * "%>
< jsp:useBean id="workD" scope="page" class="pub. db_messageboard" />
<%!
ResultSet rs1 = null;
int intpagesize=10;
int introwcount,intpagecount;
int intpage,i;
java. lang. String strpage;
%>
<%
strpage=request. getParameter("page");
if(strpage==null)
   intpage=1;
else{
   intpage=java. lang. Integer. parseInt(strpage);
   if(intpage<1)
      intpage=1;
}
%>
< html xmlns="http://www. w3. org/1999/xhtml">
< head >
< meta http-equiv="Content-Type" content="text/html; charset=gb2312" />
< link rel="stylesheet" type="text/css" href="right. css">
</head >
< body >
< table class="topic_table" cellpadding="0" cellspacing="0">
< tr >
   < td class="tdcell_0" width="100 %" colspan="8">
      < font color="＃FF3401">【留言板】</font >用户留言列表
   </td >
< tr >
< tr >
   < td class="tdcell_2" width="5 %">编号</td >
   < td class="tdcell_2" width="20 %">标题</td >
   < td class="tdcell_2" width="40 %">留言</td >
   < td class="tdcell_2" width="10 %">日期</td >
```

```
    <td class="tdcell_2" width="10%">留言人</td>
    <td class="tdcell_2" width="15%" colspan="3">操作</td>
</tr>
<%
try
{
    rs1= workD.executeQuery("select * from messageboard order by messagedate desc");
    if(! rs1.next())
    {
%>
<tr>
<td class="tdcell_2" width="100%" colspan="8">留言板空</td>
</tr>
<%
    }
    else
    {
        rs1.last();
        introwcount=rs1.getRow();
        intpagecount=(introwcount+intpagesize-1)/intpagesize;
        if(intpage > intpagecount) intpage=intpagecount;
        if(intpagecount > 0)
        {
            rs1.absolute((intpage-1) * intpagesize+1);
            i=0;
            while(i < intpagesize && ! rs1.isAfterLast())
            {
                String messageid=rs1.getString("messageid");
                String title=rs1.getString("title");
                String message=rs1.getString("message");
                String messagedate=rs1.getString("messagedate").substring(0,10);
                String author=rs1.getString("author");
%>
<tr>
        <td class="tdcell_2" width="5%">
            <a href="detail.jsp? id=<%=messageid%>"target="main"><%=messageid%></a>
        </td>
        <td class="tdcell_1" width="20%"><b><%=title%></b></td>
        <td class="tdcell_1" width="40%"><%=message%></td>
        <td class="tdcell_2" width="10%"><b><%=messagedate%></b></td>
        <td class="tdcell_2" width="10%"><b><%=author%></b></td>
        <td class="tdcell_2" width="5%">
```

```
                <a href="detail.jsp? id=<%=messageid %>" target="main">查看</a>
            </td>
            <td class="tdcell_2" width="5%">
                <a href="feedback.jsp? id=<%=messageid %>" target="main">回复</a></td>
            <td class="tdcell_2" width="5%">
                <a href="message_delete.jsp? id=<%=messageid %>"
                    onclick="{if(confirm('确定要删除吗？')){return true;}return false;}"
                    target="_self">删除
        </a>
</td>
</tr>
<%
            rs1.next();
            i++;
        }
}
%>
<tr height=50>
    <form name="mygo" method=get action="message_list.jsp">
    <td class="tdcell_2" width="100%" colspan="8">
第<%=intpage %>页   共<%=intpagecount %>页   
<%
        if(intpage>1)
        {
%>
                <a href="message_list.jsp? page=1">第一页</a>  
                <a href="message_list.jsp? page=<%=intpage-1 %>">上一页</a> 
<%
        }
        if(intpage<intpagecount)
        {
%>
                <a href="message_list.jsp? page=<%=intpage+1 %>">下一页</a> 
                <a href="message_list.jsp? page=<%=intpagecount %>">最后一页</a>
<%
        }
%>
                <input type="text" name="page" value="0" style="height:17px;width:20px;">
                <input type="submit" value="转到" style="height:18px;">
    </td>
    </form>
</tr>
<%
```

```
    }//else end
}//try end
catch(Exception ex)
{
    out.print(ex.getMessage());
}
finally
{
    rs1=null;
    workD.disconnectToDB();
}
%>
</table>
</body>
</html>
```

上述代码演示了数据库在jsp中的简单浏览，页面中包含了一个用户自定义的样式表css文件，定义了一组关于< table >和< td >标记的样式类。使用样式类来规范Web页面的显示是用良好的习惯，具体的样式定义略。

实验五　在JSP中绘制和显示图形

一、预备知识

在上网浏览中，我们经常看到网页上显示各种各样的图形，如：各种统计图、股市行情等。在Java中，图形的绘制涉及java.awt包和Java扩展包java.swing。其中，java.swing是新的图形界面类库，它继承了java.awt包，提供了多种图形界面组件，Swing中包含了像标签页、表格、树、特殊边框、微调等各种新组件。

二、实验目的

1. 学习在Java中图形的绘制方法。
2. 学习利用JavaBean和JSP编程，在网页中显示图形。

三、实验环境

1. 配置了Java和Tomcat的Web服务器。
2. 文本编辑器，或其他Java开发环境，如NetNeans，MyEclipse等集成环境。

四、实验内容

1. 编写一个绘制柱状图的JavaBean，对该类进行编译。
2. 编写一个jsp页面，使用上述的JavaBean，显示一个柱状图，界面如图7-24所示。

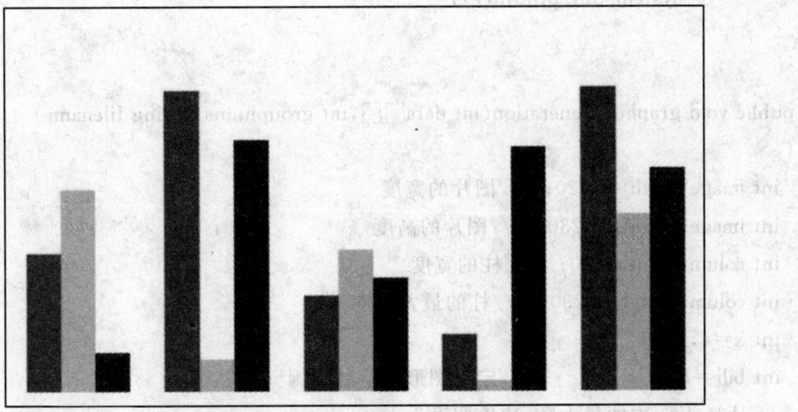

图 7-24　在 JSP 页面中的图形绘制与输出

五、知识要点

本实验涉及的知识点和技能点有：JavaBean 的定义，编译，JSP 中调用 JavaBean 的方法，java. awt 包和 Java 扩展包 java. swing。

六、实验步骤

1. 编写 JavaBean

(1)在 pub 文件夹下，新建一个用来生成 jpg 文件的 JavaBean，文件名为 ChartGraph1. java，代码清单者如下：

```
package pub;
//生成图片的 Java Bean
import java. io. * ;
import java. util. * ;
import com. sun. image. codec. jpeg. * ;
import java. awt. image. * ;
import java. awt. * ;
public class ChartGraph1
{
    BufferedImage image;
    public void createImage(String fileLocation)
    {
        try {
            FileOutputStream fos = new FileOutputStream(fileLocation);
            BufferedOutputStream bos = new BufferedOutputStream(fos);
            JPEGImageEncoder encoder = JPEGCodec. createJPEGEncoder(bos);
            encoder. encode(image);
            bos. close();
        } catch(Exception e) {
```

```
                System.out.println(e);
            }
        }
    public void graphicsGeneration(int data[][],int groupnums,String filename)
    {
     int imageWidth = 720;  //图片的宽度
     int imageHeight = 230;  //图片的高度
     int columnWidth=20;   //柱的宽度
     int columnHeight=230;  //柱的最大高度
     int x=4,i=0;
     int bili=1;             //定义图形的绘制比例
     // 计算 data 中的最大数,这里假设为 100
     int maxnum=100;
     if(imageHeight/maxnum==0)
          bili=1;
     else
          bili=imageHeight/maxnum;//实际值在图中的比例大小

     ChartGraphics chartGraphics = new ChartGraphics();
     chartGraphics.image = new BufferedImage(imageWidth, imageHeight, BufferedImage.TYPE
_INT_RGB);
     Graphics graphics = chartGraphics.image.getGraphics();
     graphics.setColor(Color.white);
     graphics.fillRect(0,0,imageWidth,imageHeight);
     // graphics.drawRect(0,0,imageWidth-1,imageHeight-1);
     for(i=0;i<groupnums;i++)
     {
          graphics.setColor(Color.red);
          graphics.fillRect(x+(i+1) * columnWidth, columnHeight-data[i][0] * 2, columnWidth,
data[i][0] * 2);

          x=x+columnWidth;
          graphics.setColor(Color.pink);
          graphics.fillRect(x+(i+1) * columnWidth, columnHeight-data[i][1] * 2, columnWidth,
data[i][1] * 2);

          x=x+columnWidth;
          graphics.setColor(Color.blue);
          graphics.fillRect(x+(i+1) * columnWidth, columnHeight-data[i][2] * 2, columnWidth,
data[i][2] * 2);

          x=x+columnWidth;
```

```
        }
        chartGraphics.createImage("d:\\GSL3.0\\chart\\"+filename+".jpg");
    }
}
```

说明:类 ChartGraph1 包含两个成员函数:一个用于创建文件,另一个用于图形绘制。绘制的图形文件扩展名为.jpg,并被存储在指定的文件夹中,供网页文件调用。

根据系统的功能,要绘制不同的图形,只需要修改 graphicsGeneration 函数及其参数即可,本例中绘制了五组柱状图形,每一组有三个并列的不同颜色的矩形块组成。

(2)要绘制图形,需要传入相应的图形数据。图形数据通常来源于数据库(例如统计结果的图形绘制),也可能来源于一些文本文件,或者是直接生成的数据。为了更好地将数据的获取和图形的显示分离,可以将数据获取定义为一个 JavaBean。

在 pub 文件夹下,编写一个读取数据的 JavaBean 类 GetData,根据不同的数据来源,读取数据的 JavaBean 不同,但都包含一个读取数据的函数,该函数的返回值通常是一个一维数组或多维数组,用于返回读取的数据。

类 GetData 定义的一般形式如下(文件名 GetData.java):

```
package pub;
import java.io.*;
public class GetData
{
    int mydatas[] = new int[5];
    public int[] getDatas()    // 函数的返回类型为整数数组,返回读取的数据
    {
        try {
            RandomAccessFile randomAccessFile = new RandomAccessFile("d:\\mybook\\mydata.
txt","r");
            for (int i=0;i<5;i++)
            {
                mydatas[i] = Integer.parseInt(randomAccessFile.readLine());
            }
        }
        catch(Exception e)
        {
            System.out.println(e);
        }
        return mydatas;
    }
}
```

上述 JavaBean 从文本文件 C:\mybook\mydata.txt 中读取图形绘制所用的数据。文件 mydata.txt 是一个文本文件,包含五行,每行一个整数。

2. 在 jsp 页面中显示图形

在 Web 应用根目录下，编写一个 jsp 文档，来调用图形绘制的 Java 类，实现在网页中的图形显示。设网页文件名为 chartview. jsp。mychart. jsp 代码清单如下：

```
<%@ page contentType="text/html;charset=GBK" %>
<%@ page import="java. util. * "%>
<jsp:useBean id="cg1" class="pub. ChartGraph1"/>
<jsp:useBean id="myData" class="GetData"/>
<%!
// int mydataary[]=new int[5];  // 定义一个存储图形数据的数组，保存获取数据 Java 类的
                                   public int[] getDatas()方法的返回值，该数组将作为实
                                   际参数传入图形绘制类相应的方法中
int[][] mydata =new int[5][3];    // 本例中的图形绘制，需要使用一个二维数组存储图形数据
int groupnums=5;                   // 输出一组柱状图，每组为三个
Random RdmNumber=new Random();    // 生成随机数
%>
<%
// mydataary=myData. getDatas();  通过 JavaBean 读取图形数据（一维数组）
for(int i=0;i<5;i++)               // 为简化方便，本例中的图形数据是随机生成的，未使
用 myData
    for(int j=0;j<3;j++)
        mydata[i][j]= RdmNumber. nextInt(100);
// 调用 JavaBean 生成图形文件 mychart_1. jpg
cg1. graphicsGeneration(mydata,groupnums,"mychart_1");
%>
<html>
<body bgcolor="#AFC4ED" leftmargin="0" topmargin="0">
<img src="../chart/mychart_1. jpg">
</body>
</html>
```

在上述 chartview. jsp 文件中，为了简化代码，我们通过生成随机数对象为图形绘制生成数据，并没有使用我们定义的读取数据的 JavaBean 类 GetData。之所以讲解类 GetData，是为了使大家对图形绘制、图形数据获取有一个一般性的逻辑上的认识。

除了使用上述的方法外，还可以使用一些图表控件，如 Jfreechart 等，并基于这个控件开发自己的 JavaBean，采用开发的 JavaBean，可以将一些走势图生成 jpg 文件，然后在自己的网页里面调用它，从而可以用来显示各种走势图。